奇奇怪怪
的
地球

日本地球知识观测室 编著　贺芸芸 译

U0155300

北京时代华文书局

地球是一颗怎样的星球？

大家好！

你们对自己居住的地球到底了解多少呢？接下来就由我来为大家介绍一二吧！

1 和水煮蛋一样

地球就像水煮蛋一样是分层的。我们站立的地面是一层叫作"地壳"的薄薄外壳。地壳下是由岩石组成的"地幔"。地球的中心是重金属组成的"地核"。

地壳

地幔

地核

2 是宇宙的中心……才怪

从地球上看，似乎其他星球都围绕着地球在转，但实际上是地球围着太阳在转。地球排在距离太阳第三近的位置，这里被称作太阳系。太阳系中一共有八大行星，地球是其中第四小的行星。

海王星

土星

天王星

火星

金星

木星

太阳

地球

水星

3
诞生于
46 亿年前

宇宙中的尘埃与气体聚集在一起后，先是诞生了太阳。这发生在大约 46 亿年前。之后，太阳的四周也开始聚集起尘埃和气体，这些尘埃和气体经历了大约 1000 万年的相互碰撞，最终"婴儿期"地球诞生了。

哇！ 哇！

4 生活着数不清的生物

目前已知拥有生命迹象的星球仅地球一个。液态水的存在被认为是生命诞生的关键因素。不过，人类依旧在探寻其他星球是否有生物存在或者生物存在过的迹象。

本书的阅读方法

① 章节的主题

每一章节都有一个自己的主题，可以表达大家阅读该章节时的感受，比如失望或惊讶之类的。

② 还想了解更多

这个栏目会介绍与这一页主题相关的事件以及补充的小知识等内容。

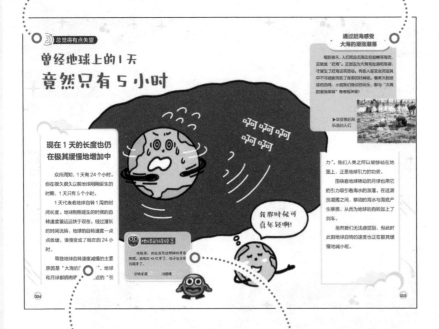

③ 详细解说

这一部分会配合插图详细解说事件发生的起因与经过。

④ 地球的碎碎念

地球会针对这一页的内容发表自己的感想，既然有开心的事，自然也有不开心的事……

① 奇怪 的地球

② 不可思议的地球

去了准吓你一跳！ 奇奇怪怪的地点 2

③ 可爱 的地球

去了准吓你一跳！奇奇怪怪的地点 ③

④ 危险 的地球

5 神奇的宇宙

奇怪的地球

我们居住的奇迹星球——地球

不过，仔细观察的话总觉得他有些傻得可爱，

即便如此地球依旧每天在转动着！

奇怪的地球是指

从人类的角度而言，我偶尔看起来会有点迟钝。别看我这样，我也是个拼命三郎呢。

见 004 页

现在
已经冷静下来了，
但……

我刚刚诞生那会儿，也转得特别快来着，现在倒是悠闲多了。

一不小心就……

在我身上生活的动物，有一些貌似一不小心就变成石头了。希望它们还能发挥些余热吧。

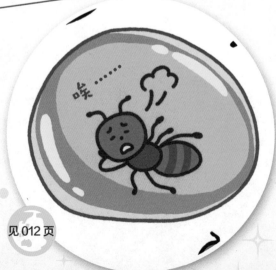

见 012 页

大海会
消失吗

　　覆盖在我身体表面的茫茫大海，虽然现在看上去无边无际，据说将来也可能会消失。

见 016 页

山在运动吗

　　看上去一动不动、沉稳庄重的山，其实一直在膨胀和收缩。到底是什么样的山在运动呢?

见 032 页

在沙漠里
会冻僵

　　说起沙漠给人的印象，一定是一望无际的沙子和毒辣的阳光。其实沙漠里有时也会特别特别冷呢。

见 038 页

曾经地球上的1天
竟然只有5小时

现在1天的长度也仍在极其缓慢地增加中

众所周知，1天有24个小时。但在很久很久以前地球刚刚诞生的时期，1天只有5个小时。

1天代表着地球自转1周的时间长度。地球刚刚诞生时候的自转速度要远远快于现在。经过漫长的时间流转，地球的自转速度一点点放缓，慢慢变成了现在的24小时。

导致地球自转速度减慢的主要原因是"大海的潮涨潮落"。地球和月球都拥有吸引物体靠近的"引力"。我们人类之所以能够站在地

地球的碎碎念

说起来，我还真有过那样的青春期呢。我现在46亿岁了，性子也变得沉稳多了。

求转发度 ⟳ 377　冷静度 ♡ 460

通过赶海感受
大海的潮涨潮落

　　每到春天，人们就会去海边捡蛤蜊等海货，这就是"赶海"。正是因为大海有涨潮和落潮，才诞生了赶海这项活动。有些人甚至会沉迷其中不可自拔而忘了涨潮的时间呢。看来大到地球的自转，小到我们身边的玩乐，都与"大海的潮涨潮落"息息相关呢！

▶享受着赶海乐趣的人们

面上，正是地球引力的功劳。

　　围绕着地球转动的月球也用它的引力吸引着海水的涨落。在这潮涨潮落之间，移动的海水与海底产生摩擦，从而为地球的自转加上了刹车。

　　虽然我们无法感觉到，但此时此刻地球自转的速度也正在极其缓慢地减小呢！

啊啊啊
啊啊

我那时候可
真年轻啊！

太可惜了！刚诞生的大海并不能游泳

咕嘟

今天还是算了吧……

比咕嘟咕嘟冒着热泡的开水
还滚烫的海水

地球大约诞生于 46 亿年前。那时的地球在无数小行星持续不断地撞击下，表面温度极高。

那时的天空被水蒸气、二氧化碳、氮气①等各种气体组成的原始大气所覆盖。

后来，地球的温度逐渐下降。此时大气中的水蒸气不断冷却凝

① 现在的地球空气中含有 78% 的氮气。

通过"原始"二字来区别远古与现在的地球

正如这幅图所示，刚诞生时的大气与海洋和如今地球上的样子相差太远。为了将二者区别开来，选取含义为"事物的起源"的"原始"二字，将它们称为"原始大气""原始海洋"。

◀原始海洋的想象图

咕嘟

咕嘟

结，漫长的雨季持续了很久很久。于是，大约在40亿年前原始海洋便诞生了。

虽说水蒸气冷却了一些，但毕竟是从滚烫的大气中降下的雨水，那时的海水温度仍高达100℃至200℃。而且雨水中还含有"硫酸"[1]等强酸性物质，因此那时的海洋并不适合生物生存。

在海洋诞生的同时陆地也诞生了。由于陆地中含有的钙等碱性物质一点点地溶解进海中，在酸碱中和的作用下，海水慢慢变成现在这样适合游泳的状态了。

① 由硫、氧、氢三种元素组成的酸，具有极强的酸性，能够灼伤人的皮肤。

多亏了小小的藻类，人类才能生活在地球上

不论是恐龙还是人类，称霸地球的根本原因居然是"藻类"释放的氧气

在太阳系中，地球的近邻火星和金星都拥有与地球大气相似的物质，但唯独地球拥有能够让人类呼吸的空气，其关键就在于地球空气中的氧气。

大约 35 亿年前，蓝藻诞生于海洋之中，它是一种能够释放氧气的藻类。

在那时，太阳的紫外线会直接照射在地球上。由于紫外线具有破坏生物 DNA[①] 的功能，所以生物无法生活在陆地上。

蓝藻向大气中释放氧气，最终从氧气中诞生了"臭氧"[②]。臭氧层组成了一道抵挡紫外线的屏障，从而使陆地变得安全，这也成为海洋生物走上陆地的一个契机。

从那之后，生物不断演化至今，终于有了今天的地球。正是由于远古时期藻类的贡献，才有了我们人类现在的生活。

①承载生物体如何成长等关键信息的生物"设计图"。
②氧气经紫外线、雷电等分解后产生的物质。

谢谢你们!

现在仍能见到的远古时代的生物

　　蓝藻与周围的泥沙等粘结、沉淀成块状时会形成一种叫"叠层岩"的岩石状物质。这种叠层岩至今仍在澳大利亚等地不断生长，还被列入了世界遗产名录。

◀澳大利亚西海岸的叠层岩景观

恐龙因为体型太过庞大而灭绝

 地球的碎碎念

求转发度 ∧ 188　　冲击度 ♡ 915

陨石撞击过来的时候，我还真是有点儿疼呢。虽然恐龙消失了我觉得有些寂寞，但好在没有造成全部生物的灭绝，真是万幸啊！

没有食物！体型太过庞大也是个大麻烦

恐龙大约于 6600 万年前灭绝。至于灭绝的原因，至今仍在研究当中。目前最有力的假说是陨石[1]撞击地球导致的。

恐龙繁盛的 1 亿 6000 万年间，它们在温暖又没有天敌的环境里体型逐渐巨大化。然而，陨石撞击地球后，地球上的环境发生了剧变。

直径达 10 千米的陨石撞击产生的冲击波威力巨大，四散飞溅的陨石碎片以及飞扬升腾的尘土甚至将阳光也遮蔽了。失去阳光照射的地球逐渐变得寒冷，植物无法生长，动物也无法生存。

体型庞大的恐龙对食物的需求量巨大，但它们没有食物可吃了。这种缺少食物的环境持续了数年，因此导致了恐龙的灭绝。

如果没有发生陨石撞击地球的话，也许直到今天地球上也依旧是恐龙的时代呢。

①从宇宙中坠落到地球上的流星在空气中没能完全燃烧殆尽的产物。

● 生物灭绝一直在反复上演 ●

迄今为止已发生过数次因地球环境剧变而导致的生物大灭绝了。生活在约 100 万年前的巨猿，是与人类最为接近的灵长类动物中的一种。据说它们也是因为体型过于庞大而无法适应环境的变化才灭绝的。

◀美国的博物馆里展出的巨猿模型

据说有些生物 一不小心就变成化石了

将来或许能复活恐龙！ 充满浪漫色彩的时间胶囊

有人看过《侏罗纪公园》这部电影吗？电影讲述了人们从琥珀里的远古蚊子的血液中提取到了恐龙的DNA，从而在现代复活了恐龙的故事。

琥珀是数千万年前甚至数亿年前埋藏在土中的古树木的树脂形成化石后的产物。直到现在，也经常能发现有虫子或植物等在树脂渗出逐渐固化期间被封印在其中的事例。

尤其是琥珀中的虫子，大多是活着时就被封进了黏糊糊的树脂当中，它们的DNA都被完整地保存了下来。琥珀中也能见到一些现在已经灭绝了的生物呢。

琥珀不仅美丽，还能通过它了解古代的情况，是一种非常珍贵的宝石。虽然现在的科技还无法做到像电影中那样，但琥珀依旧是我们了解远古时期的生物和地球环境的重要线索。

· 从古代起就备受人们喜爱的琥珀 ·

琥珀因其美丽从遥远的古代起就受到人们的热情追捧。修建于18世纪的俄罗斯叶卡捷琳娜宫，其中便有一间"琥珀屋"，屋内的全部装饰都是用琥珀建造的。琥珀屋在第二次世界大战时被洗劫一空，珍宝全数散失，目前现存的是复原后的仿制品。

◀墙壁以及画框等也均由琥珀制成

此时此刻，我们正在吸入病毒吗

桌子上、椅子上……我们的身边到处都是病毒

提到"病毒"，大家的印象都是会让人生病的恐怖存在。实际上，病毒存在于人类生活的一切空间里。

比如说海里。人类在近来的数十年间研究发现，一勺海水中含有数千万个病毒，当然空气里也有，我们人类的每次呼吸都会吸入病毒。

病毒无法独立进行自我繁殖。如果将病毒寄生的对象杀死，那么供它自我繁殖的场所也将不复存在。因此，大部分病毒都会和宿主和平共存，只有极少数的病毒才会导致疾病。

地球上究竟有多少种病毒，它们各自发挥着什么样的作用，这些都仍是待解之谜。人类针对病毒的研究依旧在不断发展中。

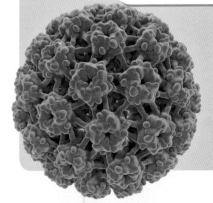
病毒没有生命

一些研究人员认为，病毒的历史十分悠久，从 40 亿年前地球上出现原始细胞起就已经存在了。但是严格来说，病毒并不是"生物"，因为它无法做到独立自我繁殖。

◀ 与癌症等疾病息息相关的人乳头瘤病毒（HPV）

大海会渗入地球中消失不见吗

地球享有"蓝色星球"美誉的时间仅剩数亿年了吗

听到别人说终有一天海水也会从地球上消失，你会相信吗？

水层层环绕着地球。海水蒸发形成雨水，雨水降下又注入海洋。不仅如此，水还会从海底渗入地球内部的深处，再以岩浆的形式重新出现在地面上。

但最近的研究发现，也许未来海洋中水循环的平衡机制将不复存在。

• 海水消失 = 地球上的水消失 •

海水消失意味着蒸发的水分也会消失，也就无法形成降雨。紧接着，流入河流中的水也会消失，最终地下水也无法涌流。海水的枯竭意味着地球上的水资源全部枯竭。

也许再也看不到了……

刚诞生时的地球处于高温状态，随着时间流逝不断冷却从而出现了海洋。实际上地球的深处至今仍在冷却之中。有假说认为渗入海底的水分通过岩浆喷发的形式返回地球表面的数量正在减少，也有假说认为渗入海底的水量比迄今为止估算的量要多得多。

也许数亿年以后，地球会变成一颗没有水的星球呢。

总觉得有点失望

海水里隐藏着宝藏

 地球的碎碎念

求转发度 78   贪婪度 890

人类还真是喜欢黄金啊。在我看来不用那么努力寻找也无所谓呀，毕竟不管是谁得到了黄金，都不过是在我身上移动一点位置罢了。

018

海中的黄金将使淘金热不再是梦吗

海水之所以很咸是因为水中含有盐分。水具有溶解多种物质的属性。

落入河流及地面的雨水在汇流入海之前，所经过之处的土地、岩石等所含有的各种成分会溶解到水中。除此以外，海底火山喷发后的物质也会溶解到海水中。

溶解在水中的物质除了盐分以外，还有镁、钙等矿物质，金、银、铜等金属物质，各种各样的物质应有尽有。

尤其是黄金，比迄今为止人类在陆地上开采的数量要多得多，据说有数百万吨之多。

但是，相较于海水如天文数字般的体量，即便是数量如此之多的金子溶解于其中，整体浓度依旧非常低。

因此，截至目前仍未找到从海水中高效提取金子的方法。如果能开发出这项技术，说不定真的能一夜暴富呢。

正应了那句"大海真大真广阔啊"[1]

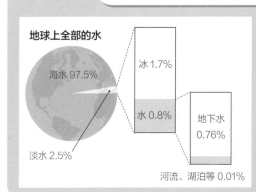

地球上全部的水

海水 97.5%

淡水 2.5%

冰 1.7%

水 0.8%

地下水 0.76%

河流、湖泊等 0.01%

据说地球上 97.5% 的水都是海水，换算成重量的话是 14×10^{17} 吨。这可以称为天文数字了，我们实在无法想象……要从其中提取出区区数百万吨的黄金，难度之大是显而易见的。

①出自日本著名童谣《海》的第一句歌词。（译者注）

在深海中生活会变成公鸭嗓吗

在海底生活并不是一件容易的事

数十年前，世界各地都流行起"人类到底能否在海底生活"的实验。日本为了该研究也将一个可供人类生活的基地沉入 300 米深的海底。

海中的空气成分与地面上不同。在基地生活时，为了防止氮气融入血液中造成氮麻醉①，空气中的氮气被替换成了"氦气"。就是那种人吸入后嗓音会变成类似唐老鸭声音的气体。想象下全家用公鸭嗓说话的场面，真的很搞笑呢。

不仅如此，人的身体在海底会承受巨大的压力。在潜入基地之前必须花时间让身体适应海中的压力，返回地面时也是一样。因此，由于太过花钱、太过麻烦等理由，这些海底生活的实验逐渐不再继续了。

①一种潜水疾病，发病时类似醉酒状态。

 地球的碎碎念

　　因担心生存问题而尝试在各种各样的地方生活，这种事也就人类爱折腾了。不过还是很感谢你们欣赏我身上不同的风景啦。

求转发度 ⚡127　努力度 ♡356

即便在深海也压不碎的食物

　　阻碍人类进军深海的一大障碍就是水压。水深达到 1000 米时，人的身体就会被压扁。但即便是在这样的深海里，豆腐、魔芋之类的食物却不会有事。原因就在于它们的内部基本没有空气。当物体的内部和外部的水压达到平衡状态，物体也就不会受到挤压了。

北京的正午时分实际上并非12点整吗

东西地区的黎明时分是有时差的

平常看到的整点报时以及电视上的北京时间并不是北京（东经 116.4 度）的地方时间，而是东经 120 度的地方时间。当太阳直射在东经 120 度时，全国便同时迎来了正午时分。

实际上"正午"的定义是"某一地区的太阳处于正南方位的时间"。太阳总是东升西落，意味着越靠近东边的地点，太阳来到正南方位的时间越早。

地球的碎碎念

人类拥有珍惜时间的概念，而我即使没有时间概念也能过着一如既往的日子呢！

求转发度 👍 221　认真度 ♡ 789

022

"经度"是用来表示在地球上位置的数字之一。国际上规定以英国的格林尼治天文台为0度经线，东西各分成180度。它和"纬度"组合在一起就是国际通用的用来表示地球上位置的坐标。

▶位于伦敦的格林尼治天文台

比方说，当北京的太阳位于正南方位时，它西边的石家庄市还没到正午时分。更不要说东西两侧离得更远的哈尔滨和乌鲁木齐了，这种时差只会更大。

所以如果根据地区来算的话，正午的时间各不相同，会造成许多不便。因此必须确定一个作为标准时间的地点。

中国、日本仅有一个标准时间，但像美国、俄罗斯等经度跨度大的国家，东西地区的时差过大，因此设有好几个标准时间。

刚刚喝下的水，曾经是恐龙的小便吗

 地球的碎碎念

世间万物都为了生存而使用水资源，但大家都认真遵循着循环原则没有造成水的损耗。谢谢各位能遵守规矩呀。

求转发度 348 循环度 958

我们的小便也许是未来某个人的饮用水吗

水和空气一样，都是我们生活中的必需品。然而地球上的绝大部分水是海水，我们生存所必需的淡水只占极小一部分。

水通过在固体（冰）、液体（水）、气体（水蒸气）之间不断转换形态，环绕着地球循环流动。海里随时有大量的水蒸发成水蒸气，水蒸气随着上升气流不断上升，在高空中冷却后变成小水滴或小冰晶。

这些小水滴或小冰晶聚集在一起就形成了云。形成了云的水最终会变成雨或雪降落到地面上，然后流进河流中并再次回到海洋或者渗进地面变成地下水。

从远古时期开始，水就这样围绕着地球不断地进行着循环。说不定我们现在倒进杯子里的水就是之前恐龙或猛犸象使用过的水呢。

海水可以变成饮用水吗

为了将海水变成人类可使用的淡水，世界各国都在研究海水淡化技术。现有技术是使用大规模装置对海水进行淡化处理，但同时会向海中排放大量的高浓度盐水。由于可能会造成海洋环境改变等负面影响，这引起了国际社会的广泛担忧。

◀位于阿拉伯联合酋长国迪拜的海水淡化处理设施

总觉得有点失望

云朵压根不想待在天空中

云也很想落到地面，却不得不屈服于风的力量浮在空中

　　飘浮在天空中的云朵软软乎乎、洁白如絮，看上去特别悠闲自在的样子。实际上云是由水或冰的小颗粒聚集而成的。

　　海洋及陆地上的水分经太阳照射升温后，蒸发成水蒸气进入空气当中。这些空气会不断上升至高空，然后其中的水蒸气冷却凝结成小水滴或小冰晶。这些小水滴或小冰晶聚集在一起便形成了云。

　　这些小颗粒之所以能飘浮在空中，是因为有云的地方就有从下往上吹的风。这样流动的风被称作"上升气流"。

026

　　实际上云是会下落的，只不过由于这些小颗粒实在太小，下降的速度只有约 1~2 厘米每秒，慢到仅凭肉眼是无法察觉的。

　　好不容易向地面靠近了一点，又会被上升气流吹上去……云也不是像看上去那样心甘情愿地待在空中呢。

快来找找罕见的云彩吧

　　云可以按照形成高度、形状等特征进行分类。大多数人应该都听过"飞机云""卷积云"之类的吧？抬起头来望一望天空，找找看奇特的云彩也是一件很有意思的事情呢。

▲秋季常见的卷积云

就在最近，冰很滑的原因终于找到了

冰面滑溜溜的原因就在于自由移动的水分子

冰上总是滑溜溜的，其实直到最近人们才明白其中的缘由。在此之前，一种说法认为，当人踏上冰面后，所施加的压力会使接触面的冰融化成水才导致冰面很滑；另一种说法则认为，鞋子与冰面摩擦生热使冰融化成水才导致冰面很滑。可惜，这两种观点都不靠谱。

水是由氢原子和氧原子结合成的"水分子"组成的，结冰时无数个水分子会从上下左右各个方向紧密结合到一起。但冰最表面的水分子能找到的同伴最少、最不稳定，一不小心就会滚来滚去。这才是近年来研究发现冰面滑溜溜的真正原因。

举一个花盆的例子。花盆靠下方位置的土必须花点力气才能挖出来，而位于上方表层的土则可以轻轻松松地挖开。冰也是这个道理。

地球的碎碎念

原来还有这么小的粒子啊。一直以来我都是从宏观的角度来观察物体，对微小的事物还是不太了解啊……

世间万物都是由微小的粒子组成

地球上有氢、氧、铁等100多种元素。原子通过既定的组合方式组成分子。世界上的所有物质在不断分解后都会变成分子，最终再变成原子。

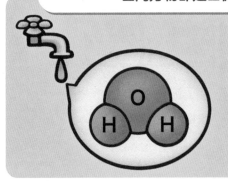

◄水分子（H_2O）是由2个氢原子（H）和1个氧原子（O）组合而成的

只要稍微挖得深一点，无论在哪儿都能挖出温泉

施工中

 地球的碎碎念

看着人类舒舒服服地泡澡也是一件很有趣的事。看着你们挖温泉的场面，我一边在心里吐槽着"就那么想要泡温泉吗"，一边脸上就会不由自主地浮现出笑容。

求转发度 232　温暖度 679

即便只有 30℃也是符合法律标准的温泉

日本有个别称叫"温泉大国"。一般来说，位于地下极深处的滚烫岩石，在火山带地区则会变成"岩浆"上升到近地面数千米乃至数十千米的位置。而日本火山众多，因此温泉的数量也非常之多。

实际上即便附近没有岩浆，地下依旧是越深的地方温度越高。在有水脉[1]的地方挖掘1000米，就会涌现出30℃左右的地下水。

根据日本的《温泉法》，25℃以上的地下水就可以称为温泉，虽然水温不算很高，但已经是法律认可的标准温泉了。

随着现代技术的不断改进，人类已经能挖到地下极深的地方，也就是说在没有火山的地区也可以挖出温泉了。

如果比起泡个热水澡你更喜欢悠闲地享受不冷不热的温水澡的话，要不要试试在自家的院子里挖个"私家温泉"？（不过别忘了，私自开采地下水在有些国家是违法的。）

①即地下水流，因形如人体脉络而得名。

多亏了技术的进步才能在家的附近享受温泉

在日本，不论是在东京、大阪等城市地区还是周围没有山的地区，都有许多使用天然温泉的公共温泉池和可以当天往返的温泉会所。其中大多数场所的温泉都是通过发达的挖掘技术，将汲取的温泉水重新加热后再使用的。不用进到深山里也能享受温泉，都是多亏了这种技术。

◀施工中的温泉挖掘工程

山会时而膨胀时而收缩

地球的碎碎念

求转发度 582　支持度 889

对我而言，火山喷发虽然是一件趣事，但也是我无法掌控的事情。每次火山喷发都会造成大量生物死亡，实在是让我痛心。所以我强烈支持人类对于火山喷发进行监测预警。

认真盯着山的动静，
以此感知火山喷发的预兆

人们常用"不动如山"这句俗语来形容沉着稳重不轻易改变的状态。没错，山的代表性特点一定是坚定不移。但其实有些山真的会发生极其细微的运动。

火山喷发是位于地下的滚烫黏稠的岩浆喷出地面。即将喷发前，岩浆会不断接近地表，从而导致了山体的整体膨胀。

同时，当岩浆喷发完毕后，剩余的岩浆在重回地下时也会导致山体的整体收缩。

不过这种变化也就是每 1 万米增减 1 毫米，小到人的肉眼压根看不出来的程度罢了。

日本境内拥有 100 多座活火山。这些活火山随时可能恢复火山活动甚至再次喷发也毫不稀奇。因此，观察山体的微小变化对于预测火山喷发是一件十分有用的事情。

• 为了安全，全年 365 天 24 小时不间断观察中 •

磐梯山（柿峰）

2020/09/16 14:04:09

▲磐梯山的样子（来自日本气象厅"监控画面"）

现在每个国家都有专门的气象机构通过观察监测天气、地震、大海等自然现象来保护全体国民的安全。日本气象厅会通过计算山体的轻微晃动，用监控录像进行拍摄等方式，从各个角度对火山活动进行监测。在日本气象厅的官方主页中，可以看到日本各地主要火山的实时监控画面。

北极就是一堆冰块儿吗

地球的南北两端看上去很像，但其实完全不一样

你是不是也觉得北极和南极就是两个都特别寒冷的地方？但其实它们之间有着很大的差别。这个差别就在于是否是陆地。当你看地球仪或世界地图时，看到北极没有被画出来时你就会明白北极不是陆地了。

南极是一块大陆，冰层的厚度达到2000米以上。北极的中心是海而不是陆地，其间漂浮着厚度约10米的浮冰。正是因为这种环境的差异，南极地区的气温也比北极低得多，最低温度的纪录是 -89.2℃。

南极除了气温低，还是一块孤立的大陆，因此生物的迁徙十分困难。虽然那儿的企鹅、海豹等十分有名，但生活于此的生物种类的确相当稀少。

相反，北极地处北美大陆与亚欧大陆的包围圈内，众多的动植物在此繁衍生息，比如北极熊、驯鹿等。据说北极的哺乳类动物大约有50种。

地球的碎碎念

在我身上漂浮着的冰面上能有这么多动物生活可太令人开心了。我还以为这么冷不会有谁愿意来呢。

求转发度 157 欢迎度 ♡ 75万

· 比想象中更大的南极和北极 ·

这条线以上就是北极圈

国际上将地球直径最大的赤道定为 0 度，南北各分成 90 度的数字叫作"纬度"。纬度用于表示地球上的位置。南北各 66 度 33 分以上的区域被称为"南极圈""北极圈"，通常我们提到的南极和北极就是指这两片区域。

在南极送花寄情真是不容易

地球的碎碎念

"就是因为花太丑了拿不出手才……"能不能不要把爱情不顺利这种事怪到我身上啊！南极的旅行经历不就是极好的礼物嘛，我劝你们还是多多磨炼说话的技巧吧。

求转发度 221　建议度 563

能在极寒大地生存的只有"天选之子"

南极给人的印象就是凛凛严寒、一望无际的冰雪世界。日本在南极的昭和基地夏天平均气温为 −1℃，冬天为 −20℃。这对生物来说是十分残酷的环境了。

虽然也有像企鹅一样努力适应当地环境顽强生存着的生物，但种类十分稀少。

生物稀少的原因除了气温极低以外，还有整片陆地被冰覆盖，导致缺少植物生长的土壤环境，再加上气候干燥、降水稀少等。

特别值得一提的是，南极能开花的植物只有禾本科的南极发草和石竹科的南极漆姑草这两种而已。

而且这两种花都非常朴素。如果有人抱着"去南极旅游顺便用当地的花求婚"这种想法的话，我劝你还是应该再慎重考虑下啊。

一生一定要去一次的南极

南极的环境虽然严酷，但正因如此我们才有机会亲眼见证那种压倒一切的大自然的伟大力量，这便是南极的魅力所在。虽然南极旅行的价格十分昂贵，但仍有一些旅行社开通了南极旅游的线路。

◀南极大陆与冰山

总觉得有点失望

沙漠会变得超级无敌冷吗

 地球的碎碎念

人类明明既怕冷又怕热，却又特别喜欢四处乱逛。我是挺希望你们就待在生活舒适的地方就好了，但也能理解人类这种爱冒险的天性。

求转发度 217　辛苦度 343

冬季的沙漠旅行
可别忘了带上厚衣服

沙漠给人的印象一般是一年四季都很干燥酷热。夏季的白天气温达到40℃是常有的事，最高纪录可达58℃。

以金字塔众多的埃及为例，当地冬天的平均温度约为20℃，但也会有最低气温在10℃以下的时候，有些地区甚至会突破0℃。

沙漠的特征之一就是昼夜温差巨大，这是由"辐射冷却"现象引起的。

白天经太阳照射后地面升温，晚上这些热量又会回到空气中，温度便会下降。这就是辐射冷却。

辐射冷却现象在任何地区都会发生，而沙漠的气候极其干燥，大气中几乎见不到云层。因此，释放出的热量在毫无遮挡的情况下会直接挥发到太空中去，导致气温下降。

沙漠里也会下雪吗

2018年，非洲的撒哈拉沙漠下雪了。加上2017年的降雪，人们已经连续两年欣赏到沙漠雪景了。据说这是撒哈拉沙漠过去40年里的第三次降雪，毕竟在这个夏季气温全球首屈一指的沙漠里，降雪也是一件稀罕事呀。

◀被积雪覆盖的撒哈拉沙漠

即便是巨型气球也无法飞到太空

就算只剩内部的气体……也要向着太空进发

你在游乐园或是商店里买过用一根绳子牵着飘浮在半空中的气球吗？气球之所以能浮在空中是因为填充的是一种比空气更轻的名为"氦气"的气体。只要你一放手气球就会飞到天上去。

你一定也想过它会不会就这样一直飞到太空中去吧，但很可惜，越往高空去气温会越低，当离地面 8 千米时气温将下降到 −30℃，此时气球的橡胶表皮便会被冻得裂开。

截至 2021 年，世界上飞得最高的气球纪录是 53.7 千米，该气球由日本宇宙航空研究开发机构①制作而成。为了使气球不易破裂，科学家没有使用橡胶而改用极其轻薄的聚乙烯材料，制作的气球直径约 54 米。一般来说，高空 100 千米以外的区域才能被称为太空，可见还差得远呢。

不过即便气球破了，里面的氦气还是会继续上升朝着太空进发的。

①进行宇宙航空领域的研究开发工作的日本组织，简称 JAXA。

这样能行吗？

•轻飘飘地飞在空中也不是一件轻松的事•

橡胶制成的气球能飞到的极限高度是 8 千米，说到底也只是一个计算得出的理论上的数值。实际上由于气球在上升过程中会不断漏气，遇到云朵时沾上水珠导致重量变重等各种原因，大多数气球都无法到达这个高度。

就算挖隧道也无法到达地球的背面

在地球灼热的地心处会变得动弹不得

一定有人思考过这样一个问题吧：既然地球是圆的，那从地面一直往下挖不就能挖到地球的背面去了吗？

越往地球的内部走温度越高，地球中心部位的温度更高达5000℃~6000℃。目前地球上还没有哪种物质能够耐受如此的高温。

所以很遗憾，挖一条笔直穿过地球中心的隧道这件事，应该是无法办到了。

实际上，就算能挖出一条隧道也无法到达地球的背面。因为地球上有"地心引力"的存在，这是一种会将所有物体向地球中心吸引的力。

因此，当我们穿过地球的正中心时会受地心引力影响突然减速，然后在试图离开隧道的力与地心引力的拉扯作用下，像荡秋千一样来回摆荡。而且摆荡的幅度会逐渐减弱直到我们最终在地球的中心处停下来。

"巴西的朋友们，你们能听见吗？"这句话得在冲绳说

这个对着地面大声喊话的段子真的非常有名。实际上，如果按照经纬度精确计算"日本的背面"的话，绝大部分地区都位于南美洲东侧的大西洋中。所以，巴西的人们压根就听不见。也就只有日本的鹿儿岛奄美大岛和冲绳县的背面勉强对应的是巴西西南部的城市。

咸海

咸海是横跨哈萨克斯坦与乌兹别克斯坦的巨大湖泊。1960年,湖泊面积为6.8万平方千米,而2020年却缩小为8739平方千米。近50年间面积大约减小到之前的十分之一。为了棉花种植修建的水利工程将原本流入湖中的上游大河的水引到了其他地方,结果导致咸海转瞬间便干涸了。由于干涸的速度太快,散落在湖面上的船只也搁浅在了原地。咸海的消失也被称作"20世纪最大的环境灾难"。

虽然一直以来也有一些试图修复咸海的行动,但由于要花费巨大的时间和金钱以及周边国家的意见有分歧等问题,目前的进展不太乐观。

尼亚加拉瀑布

好像……
变远了点？

　　尼亚加拉瀑布位于加拿大与美国的交界处，与伊瓜苏大瀑布、维多利亚瀑布并称为世界三大跨国瀑布，是在全世界享有盛名的瀑布。

　　该瀑布形成于1万多年前，那时的瀑布还位于距现在位置足足有11千米的下游地区。由于水流的冲蚀导致岩壁不断坍塌，瀑布逐渐向上游方向后退。

　　由于它每年的后退距离可达1米之多，于是从19世纪50年代起政府启动了针对瀑布的维护工程。

　　该工程取得了良好的效果，不过即便如此，瀑布每年仍会后退3厘米左右。

　　如果按现在的速度后退下去，大约2.5万年后就会被上游的湖泊吞并，尼亚加拉瀑布也将完全消失。

鸟取沙丘

碍眼的杂草会被特意拔掉

鸟取沙丘是日本最有名的沙丘，也是鸟取县的代表性旅游景点。

它虽然看上去就像沙漠一样，但其实二者并不相同。鸟取沙丘的"沙丘"是由于风的搬运堆积形成的。而沙漠则是指几乎没有降雨，植物无法生长的地方。沙漠不仅有沙子组成的沙漠，还有凹凸不平的岩石巨砾组成的戈壁滩。

当然，沙丘是会降雨的，植物也能在此生长。以前的鸟取沙丘就长满了植物，接近一半的区域都已被绿化。

于是为了保持景区的美观，志愿者们会人为地将长出的杂草拔除干净。

2

不可思议的地球

原来是这样啊！小到身边的事物，大到难以想象的超级现象，都属于让人大吃一惊的地球科学。

不可思议的地球是指？

在第一章让你们见笑了，真是有些不好意思呢，不过我得申明一下，我可不是只有那样一面啊。

见 052 页

地球
曾是一个雪球吗

虽然现在地球总被叫作"蓝色星球"，其实也经历过冻得硬邦邦的时期。你敢相信就连现在的夏威夷一带也曾是一片冰天雪地吗？

地面每天都在
伸缩

就像大海会涨潮落潮一样，地面每天也在运动。

见 062 页

深海比月球还遥不可及吗

前往太空是件不容易的事情，但比这更难的是前往深海。那里有太多人类未知的事物了。

见066页

打雷不过就是静电而已

打雷时"轰隆轰隆、噼里啪啦"的声音真的很吓人。但它和"毕毕剥剥"的静电似乎是同一种东西呢。

见070页

居然存在亮如白昼的夜晚

大家都认为到了晚上天就会变黑，对吧？但其实地球上也存在到了夜晚天也不会变黑、太阳也不会落下的不可思议的地方。

见076页

刚诞生的地球
是滚烫滚烫的

地球曾是红色的……

  地球在和其他小行星的相互碰撞过程中体积不断变大，最终在大约 46 亿年前诞生了。

  这颗小小的行星先是聚集了宇宙中的尘埃和气体形成了粒子，再在进一步的碰撞聚合中不断发展壮大，最终成为一颗星球。太阳系的其他行星也是在同一时期经过同样的方式诞生的。

  刚诞生的地球在其他小行星的频繁撞击下持续变大，同时，

鸡蛋式结构正是形成于这一时期

地球的构造就像鸡蛋一样，其中类似于蛋黄的部分就是"地核（内核和外核）"，是由金属构成的。当小行星撞击地球时，在高温下熔化的物质可分为岩石和金属两部分。因为金属的重量大所以沉在了岩浆海底，逐渐聚集到了地球的中心部位。

撞击产生的热量高达1000℃以上，使那时的地球表面布满了岩浆。

岩浆就是融化的岩石，滚烫又黏稠。布满了地球表面的岩浆组成的汪洋大海被称作"岩浆海洋"。

当小行星碰撞逐渐减少后，地球的温度也渐渐降了下来。之后经过了很长时间的降雨，终于形成了水的海洋。这些都已经是大约40亿年前的事了。

地球的碎碎念

虽然有点记不清了，但我估计当时是和撞在一起的小行星同胞因为意见不合吵架上头才发热的。

求转发度 ▧▧▧▧ 热气腾腾度 ♡

051

地球曾是一颗硬邦邦的大雪球

银装素裹的地球上曾发生了些什么

地球给人的印象就是一颗蓝色星球。不过最近出现了一个"雪球地球假说",该假说认为地球曾经历过全球冰冻的时期。

地球曾经历数次冰河大范围扩张的"冰河时代"。而且经研究发现,在6亿年前的大冰河时代,连赤道附近都有被冰雪覆盖的痕迹。

既然连离太阳最近、最炎热的赤道地区都已冻结,那就意味着地球上的所有地区都被冰雪覆盖了,因此产生了雪球地球假说。

走进电影中的雪白地球

2017 年上映的动画电影《哆啦Ａ梦：大雄的南极冰冰凉大冒险》就是以南极为舞台的故事。雪球地球假说也出现在了故事中。如果你对这个假说感兴趣的话，可以去看看这部电影。

目前为止，有确凿证据的 3 次冰河时期分别是 22 亿年前、7 亿年前以及 6 亿 5000 万年至 6 亿 3500 万年前。

在雪球地球时期结束之后，人们发现地球的冻结对生命进化产生了巨大的影响，比如空气中的氧气含量急剧增加，接近现代形态的生物开始出现等。

"火山就是巨型可乐"，这是真的吗

岩浆从地球的深处被挤压而出

"火山喷发"是指地球中心深处的地幔①融化成的岩浆喷出地表的现象。喷发时，一同喷出的岩石与灰烬聚集堆积在一起所形成的山就是"火山"。

岩浆作为一种滚烫黏稠的液体相较于周围的岩石要更轻，因此会在地表之下不断上升，在距离地表数千米的位置形成一种类似于岩浆储蓄池的地方，被称作"岩浆库"。

当这里存放不下时，岩浆就会被挤压而出，冲上地面。

岩浆接近地面时，来自周围岩石的压力减小，或者地震发生引发岩浆库产生晃动等，都会导致溶于岩浆中的水及二氧化碳变成气泡，然后在急剧膨胀下迅速喷涌而出。当你摇晃后再打开一瓶可乐之类的碳酸饮料，里面的气体也会变成气泡"嘭"的一声喷发出来。火山喷发也是同样的道理。

①位于地壳之下，由岩石组成的地层。经地球内部的高温加热，处于极其缓慢的运动状态。

碳酸的真面目是二氧化碳

▲迅猛喷涌的汽水

汽水就是二氧化碳溶于水的产物。生产厂家为了让饮料更具畅爽感，通过加压的方式将大量的二氧化碳溶入水中。瓶身在受到摇晃或外力撞击时，溶于水中的二氧化碳便会迅速变回气体从而喷发而出。

 简直不可思议

夏威夷的岩浆居然超级丝滑

顺滑与黏稠的区别，就在于诞生场所的深度差异

当岩浆因火山喷发从地下喷出时就被称作"熔岩"。在夏威夷等地可以近距离观察流动中的红色熔岩。

而在日本，每当有火山喷发的潜在危险时，就连火山所在的地区也是禁止进入的。

这种差异是由两地熔岩的性质不同决定的。夏威夷的熔岩十分顺滑很难产生爆炸，而日本的熔岩黏稠度高极易引起爆炸式喷发。熔岩中的硅[①]含量越高黏性越强。

岩浆作为熔岩的来源形成于地下深处。夏威夷火山的岩浆大多形成于接近地球中心的"地幔"中，而日本火山的岩浆多形成于地球表面的"地壳"中。

而地壳中的硅含量要远远多于地幔。可见不同地区诞生的火山，其熔岩的性质也会大不相同。

①地壳中含量最多的物质。水晶就是由硅与氧结合而成的。

哗哗哗

真丝滑啊……

地球的碎碎念

对人类而言，顺滑的岩浆可能更安全吧。但大爆炸我也很喜欢来着。

求转发度 　　 丝滑度 ♥387

岩浆的黏稠度不同会导致山的形态也不同

岩浆的黏稠度也会对山的形状产生影响。丝滑流畅的熔岩流动性高，更容易塑造出坡度平缓的山，而黏稠度高的熔岩更容易隆起从而塑造圆顶型的山。黏稠度介于二者之间的，则会形成像富士山那样圆锥形的山。

上：坡度平缓的莫纳罗亚火山（美国夏威夷）
下：圆顶型的昭和新山（日本）

原来地面之下全是宝石

不是炽热的红色，而是闪闪发光的绿色

地球的构造像一颗鸡蛋，我们人类生存的地球表面被称为"地壳"。地球的中心部位也就是蛋黄的部分是"地核"。而占地球体积八成以上，相当于蛋白部分的被称为"地幔"。

地球的内部温度极高，在大多数人的想象中应该是炽热而黏稠的一片火红，但实际上地幔是由一种叫"橄榄岩"①的岩石构成的。橄榄岩的主要构成物质是橄榄石族矿物，这是一种被称作"橄榄石"的绿色宝石。

地幔的厚度大约有 2900 千米。地幔的上层是美丽的绿色橄榄石，越往深处走周围的压力越大，因为其结构发生了改变，构成物质也变成了"尖晶石"或"石榴石"等红色宝石。一想到我们居然生活在镶满宝石的岩石上，这可真是太奇妙了。

①主要成分是镁等矿物质的一种宝石。

地球的碎碎念

就连我藏在地下深处的魅力都被你们发现了，还真是有点儿不好意思呢。接下来也请你们多多关照啦。

求转发度 🔺 780　　闪耀度 ♡ 970

宝石是来自地球的礼物

地球上最坚硬美丽的矿物"钻石"，也诞生于地幔之中。原本钻石深埋在地下 100 千米以下的地方，因远古时期的火山活动被岩浆搬运到了地面上。

◀钻石发现于一种名为金伯利岩的矿物中

简直不可思议

连地球内部都充满了水

地球的碎碎念

话说，人体内也含有大量的水分呢。一想到咱们是一样的就有一股亲切感涌上心头了呢。欸，因为我太大了亲近不起来？怎么能这样啊！

求转发度 👍 967　同步度 ♡ 732

海的下方还有更大的海

地球也被称为"蓝色星球"。生命之所以能诞生，我们人类如今能生活在地球上都是水的功劳。那么，到底地球上一共有多少水呢？

由岩石组成的地幔其实也含有水分。就像冻豆腐浸泡在水中会膨胀一样，岩石等矿物含有水分后也会膨胀，那么相应地其密度就会变小。

根据这一性质计算地幔的含水量后可知，地幔中的含水量居然是海水总量的3倍以上。

地壳和地幔的上层部分被称为"板块"，它一直在地球的表面极其缓慢地移动着。地球上一些地方的板块从地下深处不断向上生长扩张，而另一些地方的板块则不断向着地球内部下沉消亡。

地幔之所以会含有如此多的水分，是因为板块在地球表面的持续运动以及向下沉入地底时携带着大量的海水一同渗入了地幔之中。

世界上最深的海深度超过1万米

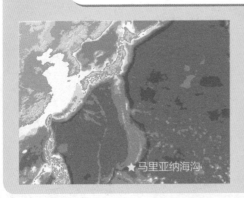
★马里亚纳海沟

板块生长扩张的地方形成的海底山脉，也叫作"海岭"；板块下沉消失的地方形成了海中的沟壑也就是"海沟"。海沟的深度极深，世界上最深的海沟是太平洋的马里亚纳海沟。如果把世界最高的珠穆朗玛峰放在沟底，峰顶也无法露出海面。

◀马里亚纳海沟

地面每天伸缩数十厘米吗

地球的碎碎念

我原本想着不就是被月亮拽了一下嘛，我加把劲儿也就摆脱了，没想到她劲儿还挺大的呢。月亮虽然可爱但是也太缠人了吧。

求转发度 △ 314　无奈度 ♡ 617

地球是一个大蹦床

大海每天的涨潮落潮会带来深度的变化。赶海就是利用了潮涨潮落的娱乐活动。

潮涨潮落主要是由月球对地球的吸引力引起的。地球面向月球的一侧，海水会在月球的引力作用下涨潮；背对月球的一侧，海水则会在地球自转产生的"离心力"影响下涨潮。

离心力是一种当物体转动时远离旋转中心的力。就这样两侧区域的海水受到吸引而涨潮，而中间区域的海水则会退潮。

实际上，地面和海水一样会在月球引力的影响下扩张和收缩，类似于蹦床那样，每天会上下运动数十厘米左右。

但是由于我们本身也会和目光所及之处一同缓慢地运动，所以在日常生活中完全感知不到。我们脚下的土地居然这么能运动可真是不可思议啊。

太阳也在吸引着地球

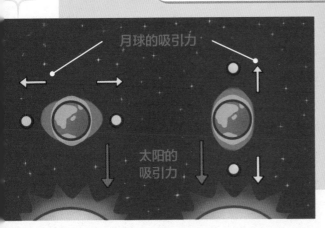

月球的吸引力

太阳的吸引力

由于距离地球太远，太阳的引力影响比不上月球，但依旧对地球产生着吸引的效果。当月球、地球和太阳处于一条直线上，也就是出现新月和满月之时，引力会是之前的双倍，海水的涨潮和落潮的落差会更大。

我们一直被一股来自上方的无形力量压制着

不管是在地面还是桌子上，空气压在一切物体表面

我们看不见的空气其实也有重量。空气的重量就是一种压在物体表面的力，被称作"气压"。

这种力在整个地球表面都发挥着作用。当空气的流动方式或温度等发生变化时，气压也会随之变大或变小。

我们在天气预报里经常听到的"高气压"，是指空气大量聚集导致比周围地区气压更高的地点。空气大量聚集后会比周围地区更重，高处的空气会向低处流动，因此对地面产生的压力也更大。这一过程会导致云的消散，因此上空形成高气压的地区往往都是晴天。

相反"低气压"是指比周围地区气压低的地点。地面附近的空气会向此处流动，从而形成一个向上流动的气流，在这一过程中往往就会形成云。

当明白了这些词汇的意思以后，再看天气预报也就变得更有趣了呢。

好重……

地球的碎碎念

不只是气压，还有重力、离心力等，地球上看不见的力可是有很多的哟。

求转发度 128　辛苦度 213

气压的单位是"百帕斯卡（hPa）"

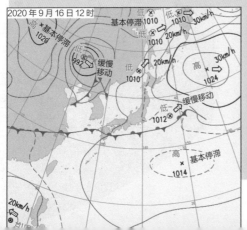

2020 年 9 月 16 日 12 时

我们日常生活中，"1 大气压"等于 1013 百帕。然而高气压和低气压并非指高于或低于这个数值，而是由"相较于周围而言"的空气量是多是少决定的。

◀日本周边区域天气图（来自日本气象厅官网）

深海比月球还遥不可及吗

海底是一个我们未曾见过的世界

我们通常的印象里，宇宙是一个未知的世界。然而，实际上就连一直陪伴在我们身边的大海，也是一个充满了未知的世界。

地球上最深的地方是位于马里亚纳海沟的"挑战者深渊"，深度约为 10 920 米。截至 2020 年，成功抵达这里的人数比登上月球的人数（12 人）还要少。2020年 11 月 10 日，中国载人潜水器"奋斗者"号在马里亚纳海沟成功坐底，坐底深度为 10 909 米，

征服了太空和超深海域的"超级女性"

2020 年 6 月，一名叫凯瑟琳·苏利文的女性抵达了挑战者深渊。其实她曾经是一名宇航员，在 1984 年成为首位完成太空行走的美国女性。

▲透过宇宙飞船的窗户俯瞰地球的苏利文女士

同时创造了同时将 3 人带到"挑战者深渊"的纪录。

人类对进入水里总是有抗拒感的，毕竟在水里很难行走、活动。水的压力作用被称作"水压"。深度越深水压越强，当水深达到 10 000 米时水压将达到难以想象的 1000 个大气压的强度。

想要制造出能抵抗如此强大水压的潜艇，则需要极高的技术。

况且，水中还没有信号，必须通过其他手段来操控潜艇，这同样也需要强大的技术。正是因为这些理由，有句话才说深海是"比太空还难以抵达的地方"。

深海里也有排放烟雾的烟囱

 地球的碎碎念

其实这些景象在很多地方都会发生，可能对于生活在陆地上的人类来说还蛮新奇的吧。不过真亏你们能联想到烟囱呢。

求转发度 201　惊奇度 821

持续喷出黑烟的地球烟囱

板块载着我们人类所居住的陆地和海洋，在地球表面极其缓慢地移动着。"海岭"是由于地球内部挤压导致板块生长扩张而形成的，在海岭上的一些地方会不断喷涌出数百度高温的热水。

这些经地底岩浆加热后的水气势磅礴地喷入海中后又经海水冷却。此时水中融化的金属会凝结成无数小颗粒，就像烟囱里喷出的烟雾一样。

这些烟雾因大多含有硫化物而呈黑色，所以被称为"海底黑烟囱"。

大部分烟雾里除了硫化物外还含有甲烷和重金属等有害物质，因此海底黑烟囱的四周对于一般生物而言是很危险的地方。但仍然有生物聚集于此，因为这些物质代替氧气成为它们的营养来源。

你了解地球刚诞生时的样子吗

人类是在最近这数十年才发现了海底的烟囱。科学家们发现生活在海底黑烟囱周围的这些不需要氧气的生物，与远古时期的地球生物有许多相似之处，相关的研究正在进展当中。

◀海底黑烟囱与生活在其周围的一种叫管虫的生物

恐怖的雷电之前 也不过是静电而已吗

真的会"拿走你的肚脐眼"吗

每次遇到打雷，你有没有听过这种话："雷公要来拿走你的肚脐眼了""快把肚脐藏起来！"产生这些说法的原因众说纷纭，最常见的理由是打雷时气温会下降，大人为了让孩子们注意腹部保暖才想出来的唬人的话。

一到冬天就毕剥作响的静电，
其实是威力十足的能量

大海与陆地上的水分经阳光加热蒸发，在高空中冷却后再次凝结成小水滴从而形成了云。这些小水滴在相互摩擦碰撞中便会产生静电。

静电会一点点地储存在云层中，当储存不下时便会一次性向地面放出，这便是"雷电"。

一般而言，空气是不导电的。但雷电作为一种无比强大的能量，能够强行穿透空气。

因此，打雷时的闪电之所以看起来一节一节的而不是一条笔直的线，就是因为雷电在强行穿过空气的同时在空中寻找着电流更容易通过的位置。当电流经过时会引起空气的强烈震动，从而发出巨大的声响。就在电流经过的那一瞬间，空气中的温度高达10 000℃以上。这就是我们常说的电闪雷鸣。

这也说明了打雷和闪电几乎是同一时间发生的。但由于光的传播速度要比声音快得多，因此我们总是在看到闪电之后才听到雷声。

沙沙沙沙……地冰花可是大力士

0℃时便冻结，体积也随之增大…… 关键在于"水的特性"

一到冬天，踩在拱起土包的地面上就会发出"沙沙"的声音，这便是来自"地冰花"的乐趣。地冰花，也称为霜柱，只有在气温达到0℃以下，而同时地下的温度超过0℃时才会出现。

水在温度低于0℃时就会变成冰，因此土地的表面会首先开始冻结。这时，土地中的水分会向表面聚集，到达地面后接触到低温便会被冻住。不断反复这个过程，就会形成地冰花。

水结成冰后体积会随之增大。应该有不少人有过这样的经历吧，当冰箱制冰盘里的水加多了时，冰块顶部因体积增加就全部粘连在一块儿了。

同样地，土地中的水分被冻结在地表后体积也会增大，将土地表面顶起来。这就是为什么有地冰花的地方地面会凸起的原因。

当同一地区地冰花持续出现后，即便是混凝土道路也是会开裂的。

▲因冻胀现象而剥落的柏油路面

地冰花的力量甚至能破坏掉浇筑在土地表面的混凝土层。这种现象被称为"冻胀现象"。当冬季低温长时间持续，路面的损坏已经影响到行车安全时，相关部门会对"冻胀灾害"进行认定并加以修复。

即便是正在长高的山
也将缓缓消散

 地球的碎碎念

皮肤护理对成年人来说实在是太麻烦了，稍不注意皮肤状态就不行了。各位小朋友可能还不太能懂这种感觉吧。

求转发度 ⚠ 156　辛苦度 ♡ 362

连世界第一高峰珠穆朗玛峰都逃不过的大自然的伟大力量

地表的岩石长年经受着风吹、日晒、雨淋，表面一点点地遭到侵蚀和破坏。

位于欧洲与亚洲分界线上的乌拉尔山脉，形成于数亿年前，是现今地球上相当古老的山脉。

它的海拔虽然不算太高，却拥有丰富的煤炭、石油、铁等矿物资源。正是因为长年的风吹雨打不断侵蚀着山体表面，原本深埋地下的矿物资源才来到了地表之上。

世界第一高峰珠穆朗玛峰是由于板块之间的碰撞形成的。这些板块至今依旧在运动中，使得山体每年最高能增加约 10 毫米，但同时也会被侵蚀掉约 3 毫米。

所以，虽然目前来看珠穆朗玛峰仍在长高中，但如果从数亿年的时间跨度来看，珠穆朗玛峰其实因侵蚀作用变得比以前矮多了。

被侵蚀的斯芬克斯的脸

位于埃及的狮身人面像斯芬克斯，从建造完成起，此后的数千年间一点点地被自然所侵蚀，因此必须不停地修复。从左边照片上也能看出来，雕像脸部周围以及一些局部细节都已经被磨平了。

◀位于埃及吉萨大金字塔前的斯芬克斯像

真的存在亮如白昼的夜晚

 地球的碎碎念

人类其实已经很幸运啦。不像我一直要被太阳晒着，真是受不了。也就偶尔月亮跑进我俩中间的位置时，能用她的影子为我遮挡片刻。

求转发度 👎 13 难受度 ♡ 54

简直不可思议

入夜不天黑，不可思议的奇妙体验

将地球南北两侧的顶点——南极和北极相连所得的直线就是"地轴"。地球以地轴为中心每天旋转1圈。此外，地轴是处于微微倾斜的状态。

在南极和北极地区，夏天会处于极昼状态，一整天太阳都不会落下；冬天则处于极夜状态，一整天太阳都不会升起。

结合下图就更容易理解了。由于地球的轴是倾斜的，所以存在面对着太阳的区域以及背对着太阳的区域。

在靠近南极和北极的地区，比如有人类正常居住生活的北欧、阿拉斯加等地，每年都会有那么几天极昼、极夜的日子。

至于天数长短，越靠近南北极点的地区则天数越长。而在南极点和北极点，每年的一半时间是极昼，另一半时间是极夜。

即便是半夜天也不会黑，明明是早上天也不会亮。这到底是一种什么感觉呢？

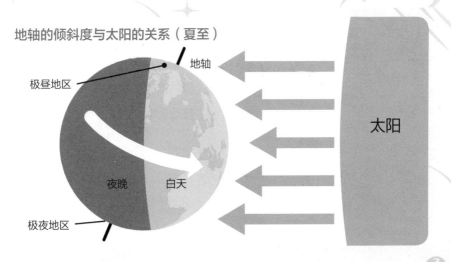

地轴的倾斜度与太阳的关系（夏至）

地轴

极昼地区

夜晚　白天

极夜地区

太阳

夏威夷以后会和日本挨得很近吗

如果能活几千万年，也许就能游泳去夏威夷了

地球的表面被十几块像智力拼图一样的板块所覆盖，地球内部的地幔发生运动时会带着它上方的板块一起运动。

日本列岛就位于太平洋板块、北美板块、亚欧板块及菲律宾海板块这四大板块的交界地带。

比如太平洋板块，每年向西移动数厘米，也就是说太平洋的海底在一点点地不断向西偏移。

而夏威夷正是位于太平洋板块上。也就意味着夏威夷正在慢慢地不断向日本靠近。

只不过太平洋板块会从日本东侧的日本海沟处沉入亚欧板块的下方。因此，数千万年后的未来，即使夏威夷已经来到了日本的隔壁，遗憾的是也并不会和日本有陆地接壤。

像智力拼图一样的地壳

地球表面被科学家划成了十几块叫作板块的碎片。地幔运动带动着它身上的这些板块也在运动。板块的边界处极易发生地震，日本的周边有四个板块在此汇集，因此是世界上为数不多的"地震大国"。

蓝天、蓝海，全都是光的恶作剧

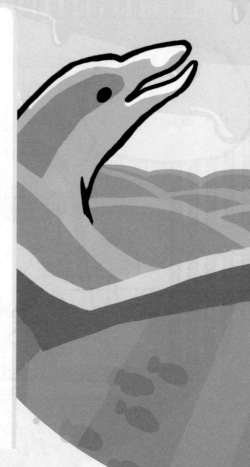

光 + 与太阳的距离、时间……颜色随条件而改变

空气和水明明是透明的，但天空和大海看上去是蓝色的，原因就在于光。实际上太阳光中含有多种颜色。平常所有的颜色都叠加在一起，所以看起来是透明的。

空气中有许多肉眼不可见的尘埃，太阳光会与它们产生碰撞然后散射出去。这时蓝色的光相较于其他颜色更容易散射出去，其中的绝大多数都飞向了天空，因此天空看起来是蓝色的。

一片鲜红的大海

大海在一般情况下都是一片美丽的蓝色，但当海中的浮游生物过多时，海水会被染成鲜红的颜色。这便是"赤潮"。赤潮的主要影响包括浮游生物大量消耗氧气导致鱼类缺氧窒息等。

▲因浮游生物而变红的海岸

此外，水的一大特性就是易吸收光线。当太阳光进入海水中时，几乎所有颜色的光都被水吸收了，只有蓝色光被反射了出去。因此海水在我们的眼里是蓝色的。

海水的颜色会根据其自身的深度及水的状态而发生改变。每到傍晚，太阳离地面的距离变得更长，只有红色光散射最慢被留了下来，这也就成了我们眼中的夕阳。

看来，我们眼中所见的色彩都仅存在于当下的那一瞬间啊。

地球的碎碎念

以前的宇航员貌似也说过"地球是蓝色的"来着，看来这也是太阳的功劳呀。

求转发度 ⚡ 136　　恍然大悟度 ♡ 521

红色深海鱼其实并不显眼

不想引人注意……

 地球的碎碎念

鲜红色的鱼在海里看起来居然是灰色的，真是让人难以置信。说不定平常我看到的那些生物和风景，其实也完全是另外一副模样的呢。

求转发度 552　有趣度 613

红色的身体是深海鱼独有的护身法则

生活在深海的鱼类中有许多都是红色的。肉质鲜美、炖煮一绝的"金目鲷"也是漂亮的红色。

也许你会担心，在蓝色的海水里红色不是应该非常显眼，容易引来天敌吗？但实际上红色是海中最不起眼的颜色。

红色非常容易被水吸收。大海之所以看起来是蓝色的，也是由于红色光线被吸收，而蓝色光线被反射出去了。

并且，深海鱼的红色身体可以吸收蓝色系光线。这样，既吸收了红光又吸收了蓝光，深海鱼在海水里看起来就是灰色的。在昏暗的海水中灰色看起来就完全不醒目了。

红色的鱼大多生活于数百米深的海中。而在阳光完全照不到的更深处，大多数鱼是黑色或白色的。

海中谋生的绝活还有很多

深海的生物为了躲避天敌、更容易获取本就稀缺的食物，除了将身体变红之外，还修炼了许多其他的本领。比如萤火鱿和疏棘鮟鱇等鱼类的一些身体部位会发光，也是深海生物的生存绝技之一。

◀海岸边发出蓝光的萤火鱿

简直不可思议

病毒无法独立生存

为了增加同伙，
病毒擅自使用别人的制造厂

　　一提到病毒和细菌，人们的印象都是"极其微小的事物""导致生病的原因"，还可能会认为它俩是同伴。但实际上它们之间存在着巨大的差异。

　　首先，大小不同。虽然二者都是肉眼不可见的大小，但病毒的大小一般只有细菌的五十分之一。

　　另外，二者的最大区别在于它们的增殖方式不同。细菌只要给足营养，就能自行繁殖增长。而病毒既不能自行进食也不能自行增殖，必须通过吸收宿主细胞中存储的营养物质才能增殖。

　　病毒所拥有的东西就只有自己的遗传因子，这是唯一无法从宿主身上获得的。因此，病毒必须找到适合自己的宿主，否则无法依靠自己独立生存。

· 有一些细菌、病毒其实也大有用处 ·

纳豆菌、酸奶里含有的双歧杆菌等都是在人类的生活中大有用处的细菌。病毒中也有一些被作为食品添加剂用以杀死引起食物中毒的细菌，或者是用于辅助疾病治疗等，相关的病毒研究均在进行中。

◀纳豆含有大量普通大豆中较少的营养物质，例如维生素 B_2 等。

地球的碎碎念

利用别人来增殖，算盘打得可真精明。看来病毒还真是挺难对付的狠角色呀！

求转发度 🔁 233   挠挠度 ♡ 777

人呢？
都去哪里了啊？

庞贝古城

一夜之间消失的古城

庞贝位于意大利，在古罗马时代是一座商贾云集、非常繁华的城市。

然而这座城市在大约2000年前突然消失了，原因就是火山喷发。附近的火山喷发后，火山碎屑流侵袭了这座城市。高温的火山灰、火山碎屑及火山气体等一股脑儿地涌向这里。一夜之间整座城市就被深埋在了地下。

在那之后又过了近1700年，人类开始了针对这座古城的发掘工作，整座城市的样貌才逐渐呈现于世人眼前。除了当时的建筑物和精美的艺术品之外，还发现了许多来不及逃跑的人们的遗体。

想必大家已经充分了解了火山碎屑流的速度之快，快到不会留下任何供人逃跑的时间。

百慕大三角

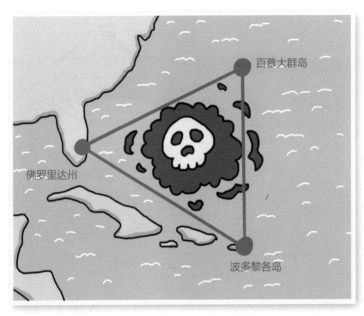

百慕大群岛

佛罗里达州

波多黎各岛

美国南部的佛罗里达州、波多黎各岛及百慕大群岛组成的大西洋海域被称作百慕大三角。

这里之所以出名是因为查尔斯·贝利茨的畅销书《神秘的百慕大三角》，据说这本书卖出了 500 万册。常有飞机或船只在此发生不明原因的事故，书中这一设定很快便广为人知。

不过仔细了解这本书的内容会发现，书中将许多其他海域也会发生的正常事故改编成了"灵异事件"，还夹杂着大量道听途说的内容。

从古代起，人们便口口相传着许多有关海怪、海上灵异事件之类的传说故事，而这个海域之所以会被夸大成恐怖的存在，大概也是因为人们对大海有着天然的恐惧心理吧。

去了准
吓你一跳！

巴瑟斯特湾

唉，这里难道
不是深海吗？

稍微下潜一点就一片漆黑

位于澳大利亚塔斯马尼亚岛的巴瑟斯特湾，有一个罕见的特点，那就是海水的颜色是红色的。

流进海里的水和红茶一样含有很多名为丹宁的成分，水的颜色就像红茶一样呈深红色。

红色的海虽然很美，但对于生物而言是十分严酷的环境。红色的水具有充分吸收阳光的特性，仅仅下潜8米眼前就已一片漆黑。这种景象一般而言只能在水深200米以下的深海环境中才能见到，却出现在了这片极浅的海域里。

研究发现，在巴瑟斯特湾的浅水区域生活的并非普通生物，而是些通常生活在光照不到的深海区域里的生物。

可爱的 地球

地球虽然是个庞然大物，
却也有滑稽搞笑的一面。
让人忍俊不禁的可爱地球！

可爱的地球是指？

我可不是只有奇怪的一面，接下来向各位介绍我令人情不自禁露出微笑的一面。从今往后也请大家继续用温暖的视线守护我呀。

地球直到最近才弄清楚自己的年龄

已经 46 亿岁的我，其实之前压根不知道自己几岁。各位，谢谢你们帮我调查清楚了！

见 092 页

在南方的岛上会变轻

来到南方的小岛时，虽然外表看上去没变化，但其实人的体重会变得比原来略轻一点。对于胖子来说算是梦想照进了现实吗？

见 096 页

山上能挖到贝壳

你知道吗？在世界第一高峰珠穆朗玛峰这座海拔超过8000米的高山上居然发现了贝壳这种海洋生物的化石。

见 098 页

风是自由随性的旅行者

风一直在世界各地到处环游。这对于总沿着固定路线、遵守固定时间运动的我来说，真是羡慕至极。

接下来去哪儿好呢？

见 106 页

有种车以便便为燃料

以汽油为燃料的车会破坏地球环境。为了保护地球，有一种车子改用动物粪便为燃料。

见 110 页

地球的年龄，是如何推算出来的呢

陨石透露了地球真正的年龄

地球诞生于大约 46 亿年前。当然，那时候并不存在人类，为什么我们还能知道距今这么遥远的事情呢？

世间的万事万物都能无限细分直到"再也无法分解下去"，也就是分解成粒子。这些粒子中，有一些具有放射性，在经过衰变后会变成其他物质，而通常衰变所需的时间是不会发生变化的。

因此，数一数岩石含有的粒子中原本粒子的数量及衰变后粒子的数量，就能计算出这块石头诞生的时间了。

然而，刚诞生时的地球被黏稠的岩浆海洋所覆盖。无论调查多么古老的岩石，也只能知道岩浆冷却后这些石头固化的年代而已。

于是，人们调查了坠落在地球上的那些与地球形成于同一时期的陨石，由此推导出 46 亿年这个数字。

多亏了射线，我们才能了解古代的情况

是哪个年代的化石呢？

一听到射线，我们可能会认为是一种危险的事物。但其实放射性物质普遍存在于自然界中。当人们要调查岩石、化石等十分古老的东西时，经常采取一种利用射线的测量方法，即"放射性年代测定法"。

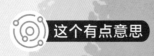

位置正好呢！

金　地　火

"月球"上可能也有水

人们对距离地球最近的星体——月球有着强烈的好奇心。此前人们认为，由于月球体积很小相对引力也很小，月球刚诞生时原有的水蒸气便都蒸发逃逸到了宇宙中。不过近年科学家在月球上发现了水和冰，相关的研究也在进行中。

◀正在月球表面工作着的"阿波罗15号"的宇航员

地球上能有水是运气太好的缘故

不折不扣的奇迹！多亏了和太阳的距离合适，我们才得以生存

地球被称作"蓝色星球"。正是多亏水的存在，这颗星球上才会涌现出如此多的生命。

据说地球上最初的生命就诞生于海洋，释放出氧气的生物也来自大海。如果海洋消失了，我们人类也将无法生存。

那么，为什么地球上会有水呢？原因就在于"正好合适的位置"。正因为距离太阳的位置既不是太近也不是太远，水才能以液体的形式存在。

即便是同在太阳系，离地球很近的那些行星是怎么样的呢？金星由于离太阳太近，热量将水分全部蒸发了。火星则是离太阳太远，水都冻成了冰。

过去，人们认为这些星球上也存在液态水。直到无人探测器开始进行宇宙探索的现代，人们才发现那里并没有液态水的存在。

南方的岛屿对胖子们很友好

一靠近赤道，物体就会稍稍变轻

在地球上的任何地方，我们都会受到朝向地球中心的"引力"的吸引。

同时，地球自转带来的"离心力"也会将我们稍稍向外侧牵引。引力和离心力的合力被称作"重力"。

当云霄飞车或车子转弯时如果不努力坐稳，身体便会不由自主地向外倾斜，这便是离心力的作用。离旋转轴越远的地方离心

呀
呃

虽然没有极地和赤道的差别那么极端，日本北海道和冲绳两地的重力同样存在差异。位于北方的北海道更靠近地球的自转轴，重力相较于冲绳大了0.15%，物体会变得更重。在冲绳重量为1000克的黄金，到了北海道会变成1001克。

力越大。

也就是说，离心力在靠近地球旋转中心的南极和北极地区会变小，在远离旋转轴的赤道地区会变大。引力与离心力合力而成的重力，在赤道地区会变小。

物体的重量便是取决于重力的大小。

同一件物品在南北极地区和赤道地区重量是会改变的。如果去到离赤道很近的南方小岛上，即便不减肥，体重也会稍稍变轻一点。

地球的碎碎念

我身上的环境会随着地点而改变，没想到重力也是如此。要是有能轻飘飘地飘浮起来的地方的话一定很有趣!

求转发度 318　偏差度 529

过去，在珠穆朗玛峰上挖到了贝壳

地球的碎碎念

人类是怎么看待埋藏在深处的东西跑出来这种事情的呢？本以为已经弄丢了的东西被你们找了出来，可真是帮了我大忙呢。

求转发度 529　　秘密度 869

从海底变成世界第一高山
促使大地不停运动的板块的力量

山分为两种，一种是由火山喷发出的岩浆固化而成的，另一种则是板块间相互碰撞挤压形成的。

举个例子，拥有世界第一高峰珠穆朗玛峰的喜马拉雅山脉实际上曾是一片海底。

世界第一高山曾经是海底，这难免有些骇人听闻，但人们确实在珠穆朗玛峰的山顶上发现了贝类等海洋生物的化石。大约4000万年前，处于板块运动中的印度板块与亚欧板块发生了碰撞。

在这次撞击下，两块陆地的海岸线隆起形成了喜马拉雅山脉。之后板块运动仍在持续进行，即便到了今天，珠穆朗玛峰每年也仍会长高约10毫米。

除此之外，非洲板块与亚欧板块的碰撞处形成了阿尔卑斯山脉；在日本，日本列岛与伊豆半岛相撞也形成了连绵的群山。

日本长野也有鲸鱼化石

位于日本列岛正中央附近的长野县，曾经是一片大海。在松本市四贺化石馆内，陈列着从附近发掘出的鲸鱼、蛤蜊、海狮、海象等生活在海岸附近的海洋生物的化石。

◀松本市四贺化石馆
这里展示着多种多样的化石、标本，代表品是在长野县松本市四贺地区发掘的四贺噬抹香鲸的全身骨骼标本。

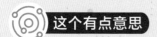
大陆一直在吵架与和好中反复吗

> 美洲，别走！

非洲大陆

大陆一直在持续运动中
数亿年后，日本和美国可能会接壤吗

地球的表面被一些板块所覆盖，它们随着地球内部的地幔运动而持续运动着。

如今的陆地形状并非一直如此，而是从名为"盘古大陆"[1]的一整片巨大陆地中分裂出来的。一位名叫魏格纳的德国学者发现非洲大陆西侧与南美洲大陆东侧的形状非常相似，以此为契机发现了这一事实。

①存在于2亿5000万年前至2亿年前的超大陆。

谁都不肯相信的"大陆漂移说"

魏格纳的"大陆漂移说"认为，现在的大陆形状是由一整块大陆分裂而来的。当时的人们压根不以为然。之后板块构造的机制被发现，这一学说被认定为正确也不过是数十年前的事情。

▶阿尔弗雷德·魏格纳（1880—1930）

最初被称作"超大陆"的一整片巨大陆地形成于 19 亿年前。在那之后，大陆每隔数亿年便聚合或分离一次。

这一观点以最早提倡该假说的学者名字命名为"威尔逊旋回"。

经过数亿年的时间流逝，虽然现在很难再看到分裂、聚合这种肉眼可见的变化，但大陆仍在以非常缓慢的速度运动着。

洞窟之中居然生长着竹笋

地球的碎碎念

将地面上长出的石头比作竹笋可真有意思。如果真能吃的话应该会更有趣吧。

求转发度 753　独特度 684

这个有点意思

咔嚓

咔嚓

从洞顶一点一滴滴落的水滴
最终长成了巨石

曾经是海的地方有些变成了陆地。于是，由珊瑚、贝类等沉积形成的一种叫"石灰岩"的岩石型土地就出现在了地表。

石灰岩具有易溶于酸性水溶液的特性，空气中含有二氧化碳的雨水一点一滴溶蚀岩石，便会形成名为"钟乳洞"的洞窟。

形成洞窟之后仍旧会有降雨，最终雨水便从洞顶不断渗出。水在流经洞顶之时，石灰岩的成分也溶于其中。然后水从洞顶滴落时，水滴中的二氧化碳逃逸到了空气之中。

这时只有石灰岩的成分被保留下来，再次结晶堆积起来。这便是"钟乳石"。钟乳石既有像冰柱一样垂吊而下的，也有像竹笋一样从地面生长而出的，也就是"石笋（竹笋形状的石头）"。经过漫长的时间流转，"冰柱"和"竹笋"可能会逐渐连在一起从而变成石柱。

①二氧化碳本身不具有酸性或碱性，溶于水后呈酸性。

千奇百怪的钟乳石

钟乳石除了冰柱和竹笋的形态之外，还有许多其他的形状。它的生长速度大约是每100年1厘米，过程十分缓慢。如果有机会去到钟乳洞的话，在感受大自然的伟大之余，试着仔细观察一下这些石头吧。

◀日本山口县秋吉台的钟乳洞，能看到像畦田②一样的"畦石"

②用田埂将灌溉土地分隔成规格的长方形田块。

103

头顶上居然有
河流在流淌

流过头顶的不可思议的河流

你能想象到有河流会流经比地面更高的地方吗？像这种河流被称作"地上悬河"，实际上各地都有。中国的黄河下游段是世界著名的地上悬河。

河流在流经下游时流速会变缓，此时从上游带来的泥沙会更容易沉积在河底。

于是，河流的底部会不断地抬升，一到大雨时节便很容易泛滥。为了解决这一麻烦，人类便在河流的两岸修筑起了堤防。

无法再泛滥的河流中的泥沙更加无处可去，只能继续堆积在河底……当这一过程不断重复后，河床比周围平地还高的河流便诞生了。有些河流的下方还会有道路或者轨道经过呢。

由于水总是从高处流向低处，当地上悬河泛滥时，河水便一下子全灌流进了周围的平地。而且河水没有固定的流向，引水效果并不明显，造成的灾害往往极大。

只有下游才能形成地上悬河

河流的上游流经的都是倾斜度很大的陡峭地区。河水的流速较快，削蚀周围的岩石、土地的能力较强，河流的底部也不会有泥沙淤积。地上悬河只会在流速缓慢、容易堆积泥沙的下游形成。

◀从地上悬河下方隧道穿过的电车

风总是随心所欲地环游地球

接下来去哪儿好呢?

环游地球手册

任何有空气存在的地方，就有风在吹拂

我们的身边存在着各种各样的"风"，比如令人身心舒畅的微风、带来灾害的台风等。风并不是由谁引起的，而是空气的流动导致的。

空气遇热升温会膨胀变轻，遇冷降温则会收缩变重。因此，在太阳加热下变轻的空气会向上攀升，

在高空中冷却了的空气则会向下降落。

这时，在出现空气上升或下降的地方，会有周围的空气移动过来补位，这便形成了风。无论是从陆地吹向海洋的风，还是从海洋吹向陆地的风，几乎所有的风都是在这种温度差之下诞生的。

除了温度差之外，地球的自转也会产生风，还有根据季节从固定方向吹拂而来的风。

风并不会听从谁的指示，只会自由而任性地在全世界到处环游，无论何时都在旅行的路上。

日语中的各种各样的"风"

从古代开始，日本人民就为风取了各种各样的名字，以此感知天气或季节的变化。根据吹拂方位、季节和地域的不同，风的名字也不同，据说种类多达 2000 种。其中较为有名的有，能感受到春天的温暖的"春一番"，以及报告冬天来访的"木枯らし"。

①日语风名，立春到春分之间刮起来的第一次强南风
②日语风名，从秋末到冬天刮起的强冷风

彩虹其实并非七色

地球的碎碎念

我倒是从没考虑过彩虹到底有几种颜色呢。无论是五色也好七色也好，只要遵从自己的感受就好了嘛。这才是最重要的事情呀。

求转发度 △▽ 602   自由度 ♡ 847

太阳与水创造出的天空的艺术

彩虹是由太阳光与空气中的小水滴共同创造的。所以，在雨后天晴时分，空气中的水分充足且在阳光照射下时，常常容易出现彩虹。

太阳光在通常情况下是各种颜色重叠在一起呈现出透明状态的光。但当阳光碰上云层中的小水滴时，原本的一些颜色会被分解。

光线在进入水中后会弯曲，并且弯曲的角度会因光线颜色的不同而不同。因此，当光线与小水滴相撞后分解出的颜色便会以弯曲的状态美丽地排列着，就成了我们所看到的彩虹。

一般情况下，我们提到彩虹就是指七色彩虹。但如果从世界范围来看，这个数字各不相同。在美国是六色，德国是五色，还有划分成明亮色和昏暗色等比较粗略的区分方式。

如果仔细观察的话，会发现彩虹其实并没有特别明显的颜色分界线。也可以说彩虹颜色的数量是无限的。

• 提出这一观点的，是那位大名鼎鼎的牛顿 •

最先倡导彩虹有七种颜色的，是因发现万有引力而闻名于世的物理学家牛顿。据说他为了将当时十分重要的学问——音乐与自然现象联系到一起，将"哆来咪发唆拉西"的各音阶与彩虹的颜色一一对应起来。

◀艾萨克·牛顿（1643—1727）画像

有种车以便便为燃料

用垃圾制作而成对环境也很友好，未来的能源——"生物燃料"

你听说过"生物质燃料""生物燃料"这类词汇吗？生物质是指从植物或微生物中获取的资源，比如木屑、家畜的粪便、废弃的油料等，用这些本来是垃圾的东西作为原料制造出的能源就是生物质燃料。

石油、煤炭等传统能源会排放出大量二氧化碳，而这些二氧化碳正是导致全球变暖的主要原因。生物燃料作为替代燃料越来越受到人们的关注。

虽然生物燃料在燃烧时也会释放出二氧化碳，但在植物和微生物的生长过程中会吸收大量二氧化碳，从总体上来说碳排放量并没有增加。

在日本，也有使用炸完食物后的废油、动物粪便等制作成燃料供汽车及摩托车使用的类似措施。

不过，使用这些原料作物需要砍伐森林，燃料的加工过程中也会排放大量的二氧化碳，诸如此类的问题仍旧很多。

目前，全世界都在开展相关研究。

竹子和咖啡都能成为燃料

在日本的许多地区，生长十分迅速的大片竹林遭到闲置已经成为一大问题，将"竹子"制作成燃料的课题也受到了广泛关注。在英国，有些企业也会回收咖啡店或者办公室里的咖啡渣加工制作成燃料。

◀荒废的竹林

去了准
吓你一跳！

纳斯卡线条

看不太清楚？古人留下的未解之谜

嗯？
是那个吗？

　　位于南美国家秘鲁的纳斯卡线条是世界上最神秘的画之一。当时的人们为什么要绘制如此巨幅的图画？他们又是怎样做到的呢？距离最初发现这些巨画已经过了80多年，人们仍旧没能找到答案。

　　除了著名的蜂鸟以外，还有猴子、蜘蛛、秃鹫等，直到最近仍在持续不断地发现新的图案，巨画的数量仍在不断增加中。

　　为什么直到今天仍不断有新的发现，理由众说纷纭。但最重要的原因之一是，图案太难辨认了。

　　经过复原后的图画自然是易于辨认的，不过有些也存在图案比想象之中要小得多，或者线条过于模糊难以发现等问题。来此观光的游客中也有因看不清楚图案而感到大失所望的。

玻利维亚的体育场

位于南美洲玻利维亚的埃尔南多·西莱斯体育场是该国最大的体育场，是足球运动员最不愿意前往比赛的球场之一。虽然外表看上去普普通通，但它其实坐落于海拔3637米的地方。富士山的海拔为3776米，也就相当于是在富士山的山顶附近踢球了吧。

因此，就连国际足联也禁止在这个体育场举办世界杯预选赛，毕竟氧气实在是太稀薄了。实际上也确实发生过选手在比赛中倒地昏迷、呕吐不止之类的事情。

后来，在玻利维亚总统的强烈抗议下，如今这里已经可以正常举办世界杯预选赛了。

奇奇怪怪的地点 3

去了准吓你一跳！

死海

任何鱼类都无法生存的死亡之海

　　死海位于中东地区，是以色列与约旦的界湖。虽然是湖泊，湖水的盐度却高达30%！海水的盐度大约为3%，也就是说，死海中的盐分含量是海水的10倍。

　　死海没有出水的河流，在干燥气候的影响下，水分被大量蒸发，使盐度不断增加。

　　死海相较于海水更容易使身体漂浮在水面上，你甚至可以一边漂在湖中一边看书，因此是非常受游客欢迎的热门景点。

　　只不过，死海并不像其他湖泊那样生机勃勃，想在水里发现鱼类是非常困难的。因为盐度太高，任何鱼类都无法在此生存，这便是它被称作"死亡之海"的原因。

　　只有水流进来的进水口附近的一小块区域盐度较低，可供鱼类生存。21世纪初，美国和以色列的科学家们发现有几种细菌和1种海藻生活在死海中。

114

危险的地球

再这样下去，可能会出大问题？
我们人类再也无法忽视的地球与生物的关系。

危险的地球是指?

从我漫长的历史时期来看，人类只不过是最近才诞生的。地球可不是仅仅为了人类才存在的。

见 118 页

牛的饱嗝和屁很危险

人类饲养牛是为了喝牛奶、吃牛肉等。可是，牛的数量增长过快，牛的饱嗝和屁似乎也成为全球变暖的原因之一。

酸雨正在破坏地球

酸性变强的降雨导致一些森林和水体的环境变得不再适合生物生存，其原因就在于人类的活动。

……好酸

见 124 页

见 128 页

大规模生物灭绝
正在发生

迄今为止，生物灭绝作为一种自然现象，仍在地球上反复上演。而现在，由人类导致的生物灭绝也正在发生。

饮用水极其珍贵

虽然地球上的水非常多，但可供人类饮用的水只占极小的一部分。生活在城市中的人可能很难切身体会水的宝贵。

见 130 页

海啸的高度虽低
但很危险

一旦发生地震就不得不密切关注的灾害就是海啸。就算是才没过成年人膝盖高度的海啸，也能将人冲走导致死亡。

见 142 页

为啥会这样

牛的饱嗝和屁
不可小觑

嗝

噗

 地球的碎碎念

我才不要因为屁的缘故变成一颗不适宜居住的星球呢。你们人类一定会帮我想想办法的，对吧？这件事虽然不容易但还是请务必不要放弃啊!

求转发度 ♻ 659   求助度 ♡ 941

118

原本是地球上的必需品，
人类使其增加过量

现在人们最担心的环境问题之一就是"全球变暖"。为了防止从太阳那里获得的热量逃逸回太空中导致地球温度下降，"温室气体"在地球周围形成了一道屏障守护着地球。

然而，现在这种气体的数量增加得太多，也导致地球的温度上升了一大截。

二氧化碳作为一种典型的温室气体，随着人类使用电器、汽车等越来越频繁，排放量大大增加。

而"甲烷"的温室效果是二氧化碳的 50 倍。牛等食草动物的饱嗝和屁中都含有甲烷，占甲烷总体排放量的四分之一。

这部分排放也是人类为了获取食物大量蓄养家畜导致的。最近，人们正在研发能够促进家畜动物消化且不容易打嗝的饲料。

• 如果不制止全球变暖的话…… •

如果全球变暖继续这样下去，会导致南极和北极的冰川融化，全球的气候都会随之改变。然后，动植物逐渐无法生存，疾病也会增加。为了阻止这些事情的发生，世界各国都在积极采取相关措施应对全球气候变暖。

◀中亚的雪豹受气候变化影响，种群数量正在减少

汽车燃料其实是生物的遗骸

为了让有限的资源不再继续减少

煤炭、石油、天然气等"化石燃料"是现代人类生活中必不可少的东西。除了用于发电以外，还会以家用燃气、汽油以及石油制成的塑料等形式出现在我们的身边。

化石燃料是微生物的遗骸和植物等经细菌分解后，在地底经高温高压作用数亿年后才形成的产物。

经过如此漫长的时间才能形成的燃料，直至今日仍在被人类无节制地使用。因此，据说化石燃料再过几十年至一百多年就会被用光。

此外，因燃烧化石燃料产生的

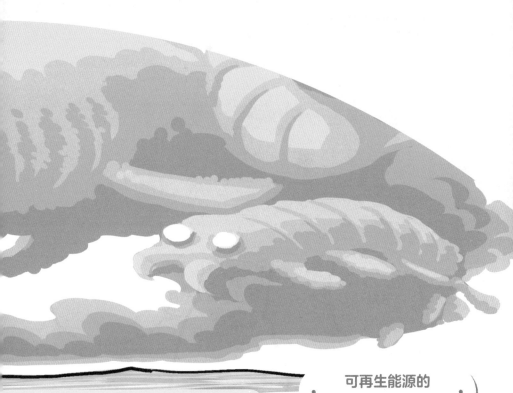

二氧化碳所导致的全球变暖日益加剧，也是个令人担忧的问题。

因此，现在全世界都在大力开展利用太阳光、风力、水力等自然能源替代化石燃料的研究。

可再生能源的实际应用

太阳光、水力等利用自然之力的能源被称为"可再生能源"。虽然取之不尽用之不竭，但易受天气影响、成本高昂等问题依旧不少，相关研究正在进行中。

▲风力发电厂

就算北极融化了，海平面也不会上升

 地球的碎碎念

海平面上升会对沿海城市及许多动物造成影响。虽然我不会因为这点小事就一蹶不振，但还是希望让大家都能安居乐业。

求转发度 ☁ 720　加油度 ♡ 337

北极的冰山和杯子里漂浮的冰块同理

大家应该都经常听到这种观点：如果全球变暖继续加剧，北极和南极的冰川融化后会导致海平面上升。

确实，全球变暖导致极地的冰川开始融化，但其实就算北极的冰全部融化，海平面也不会上升。

我们先往杯子里放入冰块，再倒入满满的一杯水，直到水即将溢出水杯为止，此时的冰块会浮出水面。

过一会儿就会发现，即便冰块融化了水也并不会溢出，水位依旧会保持原来的高度。原因就在于，

水在冻成冰后体积会膨胀。整个杯子的容量就是原本满满一杯水的体积，而冰块超出水面的那部分就是水冻成冰后膨胀出的体积。

不存在陆地的北极地区，那里的冰川也是同样的道理。也就是巨大的冰块漂浮在海面上而已。

所以，全球变暖导致的海平面上升只存在于南极地区。南极大陆上的冰川融化后流入大海，以及海水温度变化导致海水自身的体积膨胀等，都会成为海平面上升的原因。

我们能漂浮在泳池中也是因为浮力

冰之所以能浮在水面上，是因为冰块浸在水中的体积所排开的那部分水的重量等于冰块在水中受到的浮力。这就是"阿基米德原理"。据说是古希腊的阿基米德在洗澡时受到溢出澡盆的热水的启发发现的一个定律。

◀在澡盆中灵光一现的阿基米德

酸雨正在破坏地球

经过 46 亿年才形成的环境，
被人类破坏了……

我们现在过着十分便利的生活。可是，人类为了不断追求这种舒适性，却伤害了地球。由于人为向大气中排放大量酸性化学物质引起的"酸雨"便是其中一例。

汽车尾气、工厂废气等都含有大量有害物质。这些物质溶解到雨云中，最终导致了酸性的降雨。

这种雨水会改变土壤的酸性从而导致树木枯萎。而且，降下的雨水紧接着流入湖泊、水池中也会改变其水的酸性，导致鱼类及滨水生物无法继续生存。

酸雨造成的灾害最先出现在欧洲，不过从日本自 1983 年开始的调查来看，日本各地也几乎都出现了酸雨问题。

发现酸雨问题之后，在全世界采取的对策之下，酸雨造成的损害逐渐减小。然而，酸雨造成了众多自然环境的破坏以及大量生物的死亡，这些都已是无法改变的事实。

• 酸雨大量出现的原因是"工业革命" •

环境问题日益严峻始于 18 世纪的工业革命。人类进入了使用大机器批量生产、制造产品的时代，社会生活变得异常便利，但也因此给环境造成了极大的负担。

◀因酸雨而枯死的树林

125

数以万计的森林正在消失

如果森林继续减少下去，全球都将深受困扰

地球上大约三分之一的陆地面积都是森林。森林中的树木能吸收二氧化碳并释放氧气，同时森林也是众多生物栖息的家园。

目前，森林面积减少已经成为世界性难题。虽然现在情况稍有改善，但据 2000 年至 2010 年的数据可知，每年地球上消失的森林面积约等于中国哈尔滨市。

森林面积减少的原因在于，人类为了更加舒适方便的生活开垦林地改建成农田或城市。此外，为了获得纸张和木材人类也砍伐了大量的树木。

森林消失后，空气中被吸收掉的二氧化碳减少了，全球变暖将进一步加剧。

大量生物失去了栖息地，降雨得不到储存也导致洪水的频率增加。不仅拥有森林的地区会受到波及，地球整体的环境也会受到极大影响。

让我们从身边小事做起吧

▲遭到砍伐的热带雨林

一提到"保护森林",很多人都会觉得这是一个很宏大的话题。但其实在我们的日常生活中依旧有许多举手之劳的小事。比如,尽量少用一次性产品,看完的报纸、杂志等不要直接扔掉而是拿去资源回收再利用等。

地球的碎碎念

虽然我很乐意看到人类的生活变得越来越好,但如果森林消失了,住在森林里的动物们就会无家可归了,所以我不想看到森林消失啊。

求转发度 875　烦恼度 941

为啥会这样

此刻，大规模生物灭绝正在发生

大海牛

斑驴

大海雀

渡渡鸟

 地球的碎碎念

物种灭绝以后就再也无法见面了，可真寂寞啊。虽然我除了默默守望什么也做不了，但如果有人类愿意加入阻止生物灭绝的行动中的话就太好了。

求转发度 664　寂寞度 829

128

人类正在掠夺其他生物的生存空间

"灭绝"是指一个生物的种群完全从地球上消失。自从 38 亿年前生物诞生以来，物种灭绝就在不断重复上演。

在某一时期，生物出现大规模的集群灭绝被称为"生物大灭绝"。在地球的历史上曾经发生过 5 次生物大灭绝。恐龙就是在距今最近的一次生物大灭绝中绝迹的。

导致生物大灭绝的理由各不相同。比如，因火山爆发喷出的火山灰长期遮蔽了太阳，因陨石撞击地球引发了火灾和海啸，或冲击波卷起的尘土阻挡了阳光的照射，等等。

据说现在的地球即将迎来第六次生物大灭绝。这次的罪魁祸首，就是我们"人类"自己。

人类为了获取食物或皮毛滥杀生灵，污染、破坏生物的栖息地，将动植物从原本的栖息地擅自带到其他地区等一系列破坏生态平衡的行为都加剧了生物灭绝的速度。

灭绝的速度正在加快

在恐龙生活的 2 亿年前，平均每 1000 年才有一种生物灭绝。据研究表明，现在每年就有 4 万种生物灭绝，这样下去，今后数百年内会有四分之三的物种灭绝。

◀生活在非洲的北部白犀。野外种群现已灭绝，如今人工饲养的种群中，雄性也已灭绝。

地球上可供饮用的水实际上少得可怜

夏季常常闹"水荒"，因为地球上几乎没多少淡水资源

地球表面的大约 70% 都是海洋。水虽然非常多，但基本都是海水。而我们人类无法靠饮用海水生存。

我们用来饮用、洗涤之类的生活用水都是来自河流、湖泊中不含盐分的"淡水"。

实际上，地球上 97.5% 的水资源都是海水，而淡水资源仅有区区 2.5%。而且其中的绝大部分都储藏在冰川以及地下深处，我们实际能使用的水只占总体含量的 0.01%~0.02%。

如今因世界人口增加、人均用水量上升等原因，水资源逐渐变得不够用了。

并且，人类排放的工厂废水、家庭污水、汽车尾气等，对河水造成的污染问题也日益严重。

我们必须一起行动起来，保护有限的水资源。

严峻的世界性缺水难题

我们一打开水龙头就会流出干净的水，但从全世界来看，实际上缺水问题十分严重。联合国教科文组织预测："到 2030 年，全世界将有 47% 的人口陷入缺水的困境。"未来，世界各地将围绕水资源的所有权和分配问题展开激烈的争夺。

◀印度的人民正在等待着水罐车的配水

地球的碎碎念

唉！原来可供人类利用的水资源只有这么一点啊！对不起啊，我还以为既然都有这么多水了，应该就没什么大问题了吧。

求转发度 859 抱歉度 932

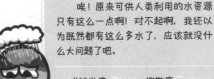

好感……

微生物在帮人类清理烂摊子

体型虽小但功勋卓著

细菌、菌类等极其微小的生物被统称为"微生物"。这些小到肉眼不可见的微小生物，真的给人类提供了太多的帮助。

就比如，每年都会发生的海上油轮泄漏事故。在微生物中，有一种能够分解石油中的主要成分。每当泄漏事故发生后，这种微生物就会立刻增殖，将环境恢复到原来的状态。如果污染的范围太大，这样也赶不上石油扩散的速度的话，人

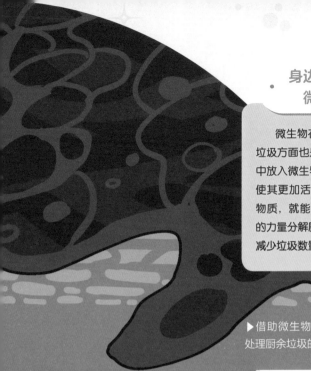

身边也能感受到的微生物的实力

微生物在处理普通家庭产生的厨余垃圾方面也是一大功臣。在垃圾处理机中放入微生物易于适应的材料，并添加使其更加活跃的营养物质，就能利用自然的力量分解厨余垃圾，减少垃圾数量。

▶借助微生物的力量来处理厨余垃圾的机器

冲啊！

类就会通过给这些微生物输送营养等方式，使它们更加高效地进行分解工作。

像这种利用微生物的自身功能来修复环境的技术被称作"生物修复"。

这项技术还广泛应用于净化被人工制造的杀虫剂、洗涤剂所污染的土地和水资源，以及清除工厂遗址中渗入土地的化学物质等多个领域。

地球的碎碎念

微生物们可真能干啊！毕竟能够发挥自己的特长，无论是对人类还是对微生物而言都是两全其美的好事。

求转发度 🔼 456　　立大功度 ♡ 687

仅仅通过浇水就能让岩浆停下来吗

快给我停下！

 地球的碎碎念

通过固化岩浆来阻止其流动听上去就好难啊！我讨厌灾害给人类或动物们带来损失，所以，希望你们不管用什么方法都一定要成功啊！

求转发度 564　　加油度 ♡740

简单却有效的喷水大作战

火山一旦喷发，地底深处黏稠的岩浆就会随之喷出并在地表上呈液态流动，这就是"熔岩流"。

熔岩流的温度约 1000℃，因此流经之处的建筑物、田地等都会变成一片被火燃烧过的荒野。为了减轻受灾，人们只能选择让岩浆停止流动或者改变行进方向。

在日本，也有些地方为了防止岩浆流向人群聚集的城镇村落，在周边修建了改变岩浆流向的堤防。岩浆虽然是以液体的形式流动着，但它毕竟是融化后的岩石，重量很大。所以即便像抵挡洪水时那样将装满土的袋子堆在一起也只会被岩浆带着一起漂走。

阻止岩浆流动的方法之一是在熔岩流的最前方喷水使其降温凝固，让它自己来阻挡后方的岩浆流动。

19 世纪 80 年代，这个方法曾经应用在日本三宅岛及伊豆大岛的火山喷发之中，取得了一定的效果。

• 火山喷发所产生的形态各异的"流动" •

当火山喷发时，除了会产生熔岩流以外，还有由高温的火山灰与水蒸气混合而成的流速极快的"火山碎屑流"，以及由喷发出的岩石、砂土与雨水混合而成的"土石流"等。

◀ 一座被土石流淹埋到房顶附近的房屋

南极有时并不在南方

数千年后指南针将不再指向北极吗

登山时常会用到的指南针，它的 N 极一直指向北方，通过它就能知道正确的方位。

这其实是因为地球本身就是一块巨大的磁石，在地球的周围形成了一个巨大的磁场，S 极位于北极、N 极位于南极，这与地理的南北极正好相反。

虽然直至今日地球磁场的作用机制还有许多未解之处，但已知的一点是，正南、正北的磁极并非一直在同一地点，而是经常发生些微的晃动偏移。

而且，迄今为止的研究表明，N 极和 S 极的磁极每数万年至数十万年就会发生一次倒转。

当磁极倒转时，地球的磁场会变弱。而现在地球的磁场在 100 年中已经弱化了 5% 左右。

按这个弱化速度下去，大约 2000 年后磁性就会归零。然后再经过数百年，磁极便有可能会倒转过来。

· "千叶"在地球上青史留名 ·

在日本的千叶县，发现了能证明地球磁极曾经倒转的地质层。2020 年，国际学会正式决定将 77.4 万年前至 12.9 万年前的地质年代命名为"千叶期"。

◀千叶县养老川沿岸可以看见千叶期的地质层

曾经，释放氧气是一件破坏环境的坏事

从"剧毒"变成"不可或缺之物"，适者生存的进化史

我们的生存离不开氧气，但地球刚诞生的时期，大气中的绝大部分物质是二氧化碳，并不存在氧气。

终于在 35 亿年前，蓝藻诞生了。这种生物能够进行"光合作用"，也就是利用太阳光让水和二氧化碳产生能量。

氧气能够使接触它的物体发生"氧化"。铁会生锈就是因为发生了氧化反应。那时，对于不需要依靠氧气生存的"厌氧生物"们而言，能和各种东西发生反应的氧气是种剧毒物质。

对它们来说，释放氧气就是一件彻头彻尾的破坏环境的恶事。为了拼命生存下去，一部分生物逐渐向能够使用氧气进行呼吸的方向进化。这就是现在地球上生物们的祖先。

而"厌氧生物"们至今仍主要以细菌的形式存在着。

· 近在身边的"厌氧生物"

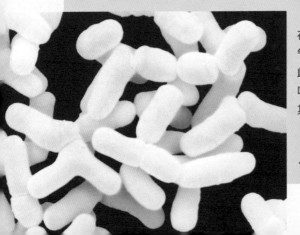

　　厌氧生物也分很多类型，有些在氧气中也能生存，有些则接触氧气即死。我们熟悉的酸奶中的"双歧杆菌"就是一种厌氧生物。乍一听不需要氧气的生物好像很稀奇，其实就存在于我们的身边呢。

◀ 显微镜下的双歧杆菌

 为啥会这样

北半球的台风无法到达南半球

 地球的碎碎念

台风总是将各种东西卷入其中，这家伙的确有一点任性。不过，没想到你们居然害怕这种家伙。

求转发度 ♨ 5/9　　粗暴度 ♡ 684

正因为地球在旋转，
台风才能形成旋涡

台风诞生于日本的最南边，靠近赤道的地方。在太阳炙烤着的热带海洋中，被阳光加热的海水会蒸发成水蒸气上升到高空中。

此时周围的湿热空气就会打着旋儿向此处聚集，这便诞生了台风。

台风的旋涡，在北半球是向左旋转的。这是地球自转产生的"地转偏向力"在发挥作用，这种力能够使风发生弯曲转向。地转偏向力在赤道上为零，越往南或往北去越大。

而且，南半球和北半球弯曲的方向正好相反。因此，在赤道正上方并不会产生台风，南半球的台风则是向右旋转的。

一旦到达赤道，地转偏向力就变为零，在北半球产生的台风也就无法去往南半球，南半球产生的台风也无法到达北半球。

台风的同伴们

你们看新闻的时候，有没有听过"飓风""旋风"这些词汇呢？这些其实和台风是同一种东西，只是因诞生的地区不同而称呼不同罢了。

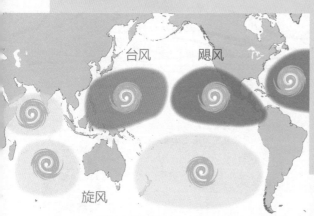

台风　飓风

旋风

◀诞生地及称呼

海啸就算只有 50厘米高 也非常危险

 地球的碎碎念

看着众多的人类和动物们为此苦恼发愁的样子，我心里真不是滋味。可是地震的发生总是毫无预兆，就像大家突然打起喷嚏那样。

求转发度 ⚡745   危险度 ♡857

海啸蕴含着巨大的能量

日本是地震多发的国家，每当地震发生后不得不密切关注的灾害就是海啸。我们平常看到的海上的波浪是在风力作用下产生的，发生运动的只有海的表面。

与之相对的海啸，是由于地震导致海底发生震荡，海水被挤压了上来。也就是说，海水从海底开始全部发生了运动。

像墙壁一样汹涌而来的海水，能量巨大。即便只是 50 厘米高的海啸，成年人也无法站立其中。

并且，海啸下越深的地方海水前进速度越快，越浅的地方速度越慢。因此，海啸总是后方的海浪追逐着前方的海浪，浪头一个比一个更大。

而且海啸所谓的慢速，其实是以相当于奥运会上短跑选手的速度向着海岸边冲过来。当看到海啸时再逃跑就已经来不及了。

当你在靠海地区感受到了强烈的地震时，切记要第一时间逃往高处啊。

海啸的能量甚至能跨越太平洋

1960 年，南美大陆的智利发生了一场大地震。当时的海啸用 1 天时间行进了约 17 000 千米到达了日本，给日本造成了重大损失。这个距离几乎接近地球周长的一半。这下你能感受到海啸蕴含的恐怖能量了吧。

◀日本青森县港口处正在观看搁浅船只的母子，事故正是由智利大地震引发的海啸造成的。

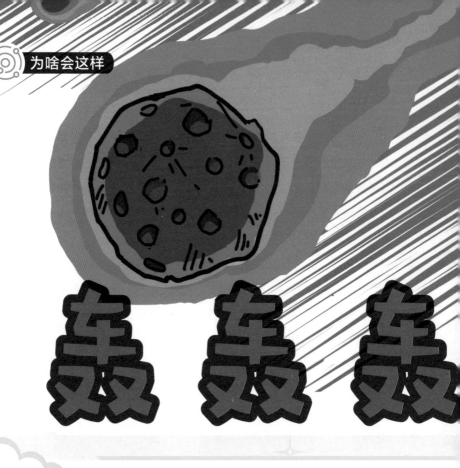

轰 轰 轰

陨石坠落并不仅是电影中的情节

恐龙灭绝的原因之一在于陨石撞击地球导致的气候变化。因此，可能许多人对陨石的印象都是罕见且冲击力极大的东西。

确实，大到足以改变全球气候的巨型陨石坠落到地球上，这种事大约数千万年才会发生一次。然而实际上据估计，地球上每年大约会发生 40 次小型陨石坠落事件。

如果陨石过小，在进入大气层时就会燃烧殆尽，因此一般落到地球上的陨石直径都在 10 米以上。例如，2013 年坠落在俄罗斯的陨石直径就是 17 米。

现在也经常会有陨石落到地球上

轰

当陨石落在城市附近时，巨大的冲击波会震碎建筑物的玻璃导致成千上万人受伤。

为了防止类似的损失，人们会对靠近地球的小行星的运行轨道进行调查，对撞击进行预测等，类似的研究正在进行中。

日本 2020 年的陨石坠落

2020 年 7 月，日本千叶县落下陨石的事一时成为日本的热门话题。这是日本第 53 次发现陨石，也是自 2018 年以来时隔 2 年再次发现陨石。这样一说，是不是觉得陨石降落还挺频繁的呢。

中国是世界上记录陨石坠落现象较早的国家。中国最大的陨石是 1898 年在新疆发现的"银骆驼"，重量大约 28 吨，是世界十大陨石之一。

瑙鲁共和国

富裕的生活急转直下

过去可真好啊……

在澳大利亚东北方向的太平洋上漂浮着一座小岛——瑙鲁岛。虽然小岛的面积非常小，但岛上的瑙鲁共和国，曾经是世界上最富裕的国家之一。

因为在这里发现了大量可用作肥料的"磷酸盐矿"。这些矿石是由远古时期鸟类的粪便不断堆积，最终演变而成的。

不过，由于毫无节制地狂挖滥采，磷矿很快就被采掘殆尽。这个完全依赖矿石出口的国家，很快将钱花个精光，岛上人民的富裕生活也无法维系。

不仅如此，近七成瑙鲁国民因奢侈的生活患上了肥胖症。许多人深受肥胖引起的糖尿病的折磨。

威尼斯

意大利北部的威尼斯，以"水城"的美名享誉世界。在这里，汽车居然无法驶入街道，几乎所有的出行移动都要靠划船。这座独特的城市因此常常成为小说及电影的舞台。

不过最近，原本作为观光资源的水却给威尼斯带来了极大的麻烦。抽取地下水造成了城市地基下陷，当天气原因使周围的海平面高于城市时，街道进水的频率也在持续增加。

如果全球变暖继续加剧，海平面继续上升，说不定整个城市都会沉入海中。意大利政府为了防止威尼斯被水淹没，正在加紧推进防御工程的建设。

去了准
吓你一跳！

地狱之门

简直就像是地狱的入口……

中亚国家土库曼斯坦的中部地区有一个叫达瓦札的村庄。这是一个游牧民居住的非常小的村庄。

村庄附近的地下埋藏着极其丰富的天然气资源，为了开采出这些资源，当时的苏联专家们在此进行了勘察。

虽然在 1971 年的调查中发现了天然气，但当时挖掘出的坑洞坍塌，地面上出现了一个巨大的深坑。

如果直接放任不管，会导致有害气体不断泄漏，苏联专家们决定点燃坑里剩余的天然气。没想到坑内的气体持续不断地溢出，直到今天坑洞已经持续燃烧了 50 多年。

人们不知道它到底要燃烧到什么时候，也想不出任何灭火的方法，因此这个坑洞被称作"地狱之门"。

5

神奇的
宇宙

想要了解地球本身，就必须了解地球外的世界！
让我们飞向广袤无垠的宇宙吧！

神奇的宇宙是指 ?

到目前为止一直在介绍我身上的知识，接下来我们一起去看看宇宙吧。总之，宇宙的规模可是大到离谱的程度哟。

地球的结局可能相当悲惨

就像人类拥有寿命一样，星体同样也有寿命。地球的最终结局也许是被巨大化的太阳吞没而消失。

见 152 页

在太空中健身非常有必要

在无重力的太空中，肌肉、骨骼都会不断衰弱。每天保持 2 小时的健身是很有必要的。

2 小时可真难熬！

见 158 页

见 160 页

因地球的交通事故才诞生的月球

在很久很久以前，我刚刚诞生那会儿，曾和一颗很大的行星发生了碰撞。貌似月球就是在那时诞生的。这么说来，月球是我身体的一部分？

月球上的白天一片漆黑

一提到晴朗的白天，也许你的脑海中就会浮现出蓝天的景象。不过，这是在地球上的情况。在月球上，即便是白天，天空也是一片漆黑。

见 168 页

太空中的垃圾极其危险

不仅是在地球上，就连太空中的垃圾也成了大问题。哪怕只有数厘米大小，也很可能会造成人造卫星的损坏，真的非常危险。

见 178 页

地球最终会被太阳吞没吗

太阳最终会因老化不断膨大

有一句话叫"有形的物体终将毁坏",正如这句话所言,一切物质都有其寿命,包括地球。

在思考地球的寿命之前,我们先来试着思考下太阳的寿命。像太阳这种能够自行发光的"恒星",从发光方式就能计算出它的寿命。据计算,太阳的寿命大约还剩50亿~70亿年。

到那时,目前正在燃烧的氢气将燃烧殆尽。之后,太阳便会不断膨胀变得巨大化,直到将水

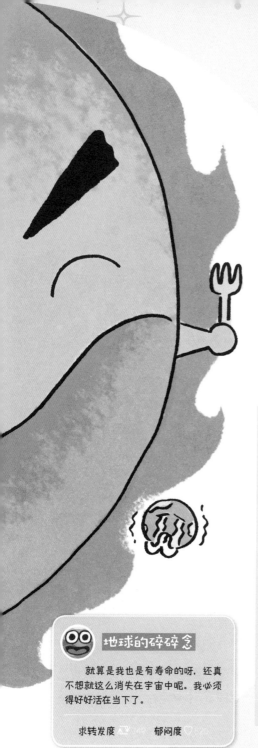

从红到白……星体也会上年纪

其他的恒星，将现在燃烧着的能源用光之后，也会不断膨大变红。这时的恒星被称作"红巨星"。缩小的阶段则被称作"白矮星"，这便是恒星最后的形态。

©ALMA (ESO/ NAOJ/NRAO) / E. O'Gorman/ P. Kervella

▲体积膨大到约为太阳 1400 倍的猎户座的 1 等星参宿四（红超巨星）

星、金星、地球一一吞没，最终冷却坍缩。这便是地球最终的宿命。

只不过到那时，谁也不知道人类是不是早已灭绝了。况且在被吞没之前，巨大化的太阳与地球比之前离得更近，海水将全部蒸发，地面化为一片焦土，地球也早就不再是一颗适合生命生存的星球了。

地球的碎碎念

就算是我也是有寿命的呀，还真不想就这么消失在宇宙中呢。我必须得好好活在当下了。

求转发度 249 郁闷度

153

飞机再怎么努力也无法抵达太空

飞机高度的 10 倍之上才是 "太空"

当你抬头仰望天空的时候有没有思考过 "到底从哪里开始才算是太空" 这样的问题？其实，天空和太空并没有明显的分界线。

一般而言，我们通常将离地高度 100 千米以上的部分称为 "太空"。在这一区域，包裹着地球的

大气也几乎不复存在。但是，大气并不是在某个区域突然一下子消失，而是越往高空越稀薄，直到完全消失。

从地面上抬头看，天空看起来很高，但其实飞机飞行的高度也就离地 10 千米左右。这个高度完全

達不到太空的標准。越往高処大
気越稀薄，飛机飛行時的空气阻
力越小。

　　不過，引擎燃焼需要空气，所
以這个高度正好。航天飛机及国际
空間站（ISS）的飛行高度大約為
400千米。

　　国际空間站上有日本的实验舱
"希望号"。如果角度、气候等条件
适宜的話，我们在地面上也能看
到像流星一样的国际空間站。目
前，中国正在建設的空間站名為
"天宫"。

▲从航天飛机上看到的国际空間站

 规模大得离谱

人类在寻找外星人上着实下了一番功夫

坚信总有一天会邂逅外星人

一说起"外星人",总让人觉得是漫画或电影中的情节,但其实人类很认真地在寻找着外星人。目前,太阳系中并未发现像人类这样拥有文明的生命体。

但是,将目光移向太阳系之外的话,像太阳这样的恒星并不少见。许多科学家都认为外星人一定存在。

20世纪60年代,人类开始尝试着使用射电望远镜来接收外星人发送的信号。

地球人类发送给外星人的讯息也转成了信号。1977年,人类发射了行星探测器"旅行者1号",将一张收录了有关地球人各种信息的唱片一起送到了宇宙中。

"旅行者1号"直到今天仍在宇宙空间中继续旅行。说不定哪一天,外星人解读了那张唱片后,会主动与我们地球人见面呢。

NASA 制造的 "黄金唱片"

"旅行者1号"探测器携带的黄金唱片中，收录了显示地球位置的地图、地球及人类的照片、音乐以及55种人类语言的问候语等，整张唱片显得梦幻十足。

©NASA/JPL-Caltech

◀整张唱片由镀金后的铜片制作而成

在太空中，如果不坚持每天运动的话，身体就会逐渐垮掉

骨骼和肌肉，一旦不使用就会迅速衰弱

大家应该都看过宇航员在宇宙飞船上像游泳一样移动或者是浮在半空中的画面吧。宇宙中没有重力，将人向地面吸引的力在那里无法发挥作用。太空环境被称为"微重力"环境。

在地球上的我们，每天的行为举止都在无意识中对抗着重力。为了支撑起体重，肌肉和骨骼每天都在努力工作，而在无重力的环境也就没这个必要了。

既不用站在地面上，也不用让脖子支撑沉重的头部。于是肌肉便渐渐松弛，骨骼中的钙质也会不断流失，变得疏松脆弱。

为了不出现这种情况，生活在宇宙空间站里的宇航员必须保证每天锻炼2小时。飞船上设置的运动器材与有重力时所需的条件相同，只要将身体用弹力绳索固定住，就能在跑步机上或者智能动感单车上进行与地球上别无二致的运动了。

无重力带来的其他影响

◀宇航员前往太空之前（左）和在太空中时（右）的脸部对比图

在微重力的空间里，平常向下半身流动的血液会集中在上半身，使人脸变得浮肿。而且，有些人还会患上"太空适应综合征"，出现原因不明的呕吐、倦怠感等类似于晕车的症状。

从地球的重伤中诞生的月球

砰！在"疼疼疼疼……"的哀号中，月球诞生了

距离地球最近的天体是围绕着地球旋转的"月球"。关于它的起源，一直以来众说纷纭。其中，"大碰撞分裂说"是目前最有说服力的假说。

这一假说认为，在地球刚诞生时，有一颗和火星差不多大小（直径约为地球的一半）的星球与地球发生了碰撞，在这次撞击下诞生了月球。

也就是说，地球的一部分在撞击中分裂出去，与另一颗星球的碎片一起形成了月球。月球的岩石中既含有来自地球的成分，又含有地球上没有的成分，这也就成了大碰撞分裂说的证据之一。

模拟实验的结果表明，在那次大碰撞后仅仅过了一个月左右，月球就已经拥有和现在差不多的规模了。

其他的月球起源说

关于月球的起源，还有以下假说：和地球一样由尘埃聚集而成的"同源说（兄弟说）"；在地球诞生不久后从地球身上分裂出去一部分而形成的"分裂说（亲子说）"；偶然从地球旁边经过，被地球引力俘获形成的"俘获说"等。

月球正在缓缓地飘远

之前明明还
蛮近的啊!

喂!

 地球的碎碎念

被你这么一说,我确实能感觉到月球
在疏远我呢。现在照样看得清清楚楚所以
无所谓,也许哪一天远到看不见了,我应
该会很寂寞吧。

求转发度 184　告别度 274

月球和地球间的引力作用
让两颗星球逐渐远离

17 世纪的物理学家牛顿发现了"万有引力"。他看到庭院中苹果树上的苹果掉落到地面上的场景，认为"是因为地球的吸引才使苹果掉落而下"，从而发现世间万物都受到"引力"的影响。

月球和地球之间也是一样。月球将地球上的海水向自己的方向吸引着，这种力给地球的自转加上了刹车，地球自转的速度在一点点地减慢。

当月球对海水的吸引达到最大时，地球本身也会被向着月球的方向拉扯出一个细长的细微变形。

在这个被引力拉扯出来的微小凸起的操纵下，地月轨道的半径也在不断变大。就这样，月球每年会远离地球 3.8 厘米。

我们平常眺望着月亮时还不太能意识到。这样看来，月球对地球的影响可真不小。

• 很久很久以前，月球比现在看起来要大得多吗 •

月球和地球自从诞生起，就互相吸引陪伴了数十亿年。现在，月球和地球间的距离约为 38 万千米。在很久很久以前月球刚刚诞生的时候，两颗星球之间的距离只有现在的十六分之一左右。

◀原始地球与月球的效果图

月球上喝的东西超级贵

 地球的碎碎念

明明我这么适合居住，为什么还要想着移居到其他地方去啊？真是不可思议。如果你们真的想离开，拜托也稍微留下一些人陪伴我吧。

求转发度 250　请求度 579

喝一口都会吓得手抖，
一口价值数万的矿泉水

在登上月球后的数十年间，人类也认真研究了在月球生活的可能性。

月球上没有大气层，太阳发出的紫外线会直接到达月球表面，以致月球昼夜温差达到 200℃以上，生存环境极其恶劣。

假设所有与环境相关的条件都能解决，往月球运送生活必需品的运费也是个大问题。你应该有过这种经历吧，山顶上或者孤岛上的饮料价格都特别高。

这是因为往遥远的地方运送物品成本很高。现在的技术往月球运送 1 千克的物品大约要花费数百万人民币。

目前，还没有在月球上发现液态水，喝的东西必须花钱从地球上购买。在地球上不到 10 元就能买到的瓶装水，想在月球上喝到就必须花数百万元去购买。

就目前的条件而言，即便是亿万富翁想要移居月球也很困难呀。

• 针对月球的研究仍在继续 •

©NASA

虽然各种难题层出不穷，但世界各地的探月计划仍在持续进展中。例如，美国 NASA 提出的"阿尔忒弥斯计划"，该计划的日程显示，将在 2028 年底前启动月球基地的建设。2004 年起，中国正式开展月球探测工程，并命名为"嫦娥工程"，计划分为"无人月球探测""载人登月"和"建立月球基地"三个阶段。

◀阿尔忒弥斯计划中预备使用的猎户座号飞船

地球的1年有365天,而月球只有12天吗

月球上的四季,每隔3天变换1次

地球围绕着南北两极的极点相连而成的"地轴"进行自转,地球自转1周的时间就是人类日常生活中的1天。

地球以外的星体也同样会自转,只不过自转的速度各不相同。比如,距离地球最近的月球,自传1周大约需要27.32天,接近1个月的时间。

如果将自转1周的时间定义为1天,那么月球的1天就大约相当于地球上的1个月。也就意味着月球上的1年总共只有12天。在地球上能休息1个月的暑假,在月球上就相当于只休息了1天。

我们再看看太阳系的其他星体,自转最快的是木星,自转1周的速度约为10小时,1天一不留神就过完了。

相反,自转速度最慢的是金星,自转1周竟然需要243天。在这里的1天怎么过也过不完,想想就觉得心累。

地球的碎碎念

虽然我一直在不停旋转，但一点也不会头晕眼花。不知道其他的行星感觉怎么样？

求转发度 ★ 52★   可靠度 ♡ 43♡

太阳系的中心——太阳也在自转中

太阳的自转
极地
赤道

与主要由岩石构成的地球不同，太阳主要是由气体构成的。因其飘忽不定的属性，所处的地点位置不同，太阳的自转周期也不同。在太阳的赤道附近，自转1周大约需要27天，而在靠近自转轴的极地附近，自转1周则需要大约30天。

地球的白天亮亮堂堂,月球的白天却漆黑一片

看不见摸不着的"大气",它的伟大令人震惊

我们在地球上看到的天空之所以是蓝色的,是因为太阳光与大气中肉眼无法观察到的微小尘埃粒子相撞,蓝色的光一股脑儿地向着天空散射出去。太阳光中含有多种颜色,其中蓝色光尤其容易发生散射。

然而,月球上并没有大气层。

月球作为一颗小小的星球重力自然也小,也就无法留住可形成大气的成分。因此,太阳光也就无法形成散射,月球上无论白天还是夜晚便都是一片漆黑了。于是,耀眼的阳光毫无保留地照射在月球表面,形成一层明亮而刺眼的光晕。

大气白天能够缓和太阳发出

如果没有大气，星星也将不再闪耀

我们之所以在夜晚的天空中能看到亮闪闪的星星在眨着眼睛，也是因为有大气的存在。大气层一直在轻微地摇晃、移动中，光的散射方向也随之不断发生变化，亮度也就跟着变化了。而在没有大气的月球上，看到的星星则完全不会眨眼，而是一直持续稳定地发着光。

的热量，到了夜晚还能阻止地表的热量散失。在没有这道屏障的月球上，白天直接接收太阳的热能，温度可达110℃；夜晚热量又全部散失，温度会骤降至 −170℃。

月球上的1天约等于地球上的1个月，也就是说灼热的白天与极寒的夜晚每2周交替轮换1次。

©NASA

▲ 从月球上看到的地球无比清晰

从地球上无法看到月球背面的样子

不准看！

 地球的碎碎念

原来月兔仅仅只是月球表面暗色阴影区的轮廓啊。人类说有月兔我还信以为真，着实激动了一番呢。什么？有鳄鱼？我才不上当呢。

求转发度 437 失望度 695

170

绝不肯让地球窥见的月球背面的秘密

如果你用望远镜观察月球的话，会发现看到的总是同一个地方。月球自转1周约花费27天，而这与月球绕地球"公转"1周所花费的时间完全相同。

因此，从地球上所看到的月球表面永远是同一面。我们可以做个小实验，请拿起一个物体当作地球，然后正面始终朝向该物体，绕着它旋转1周。当你绕完1周回到原点时，自己的身体也旋转了1周。

月球重量的中心即"重心"，更偏向靠近地球的那一侧。这个重心部位被地球的引力牵引着，自转与公转的周期自然而然就逐渐同步了。

人类第一次看到月球背面居然是在60多年前。1959年，苏联的月球探测器"月球"3号，转到月球的背面拍下了最初的照片。

人类从古代起就一直抬头望月，却直到最近才终于看清了月球背面的样子。

• 世界各国对于"月亮上的月兔"都是怎么看的呢 •

一提到月球上的图案，在中国是"捣药的玉兔"，日本是"捣年糕的月兔"。同样的图案，世界各国的比喻都各不相同，印度将其比作"鳄鱼"，中东国家认为是"狮子"，而美国则是"长发女人"。

◀月球上被比作鳄鱼的图案，兔子耳朵的部位变成了鳄鱼的嘴巴

©NASA/Bill Ingalls

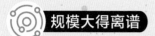

地球还不算什么，太阳的瘦身才叫疯狂

在我们的有生之年应该还不用担心太阳会瘦成一根竹竿

太阳总是持续不断地向着宇宙中吹出"太阳风"。虽然叫"风"，但和我们身边的风有所不同，它其实是具有磁性的带电粒子形成的气流。太阳风的速度极快，从东京到大阪 500 多千米只需要大约 1 秒。

从太阳诞生起，每秒便能吹出 100 万吨的"太阳风"，有时也会一下子释放出 100 亿吨的气流从而产生剧烈的爆炸。据计算，太阳每年能释放出 30 万亿吨的气流。不过，太阳的重量约为 30 万亿吨的 70 万亿倍，这个瘦身的过程可以持续 70 万亿年。在这之前，考虑到太阳的寿命大约还有 50 亿 ~70 亿年，我们似乎不用担心太阳会因过度减肥而完全消失。

实际上，地球也会释放出氢气和氦气等，每年会减轻约 5 万吨，是太阳的六亿分之一。这下你明白太阳瘦身的速度有多快了吧。

来自宇宙的礼物——极光

因为地球的周围有磁场存在，太阳风无法直接吹到地球上来，不过在南北两极的极地地区，太阳风会受到磁极的吸引聚集于此。极地上空的氮、氧等分子受到碰撞后发光，从而产生了极光。

◀加拿大耶洛奈夫地区的极光

173

听说像太阳一样的恒星有 2000 亿颗

不,
俺才是太阳!

俺也是!

即便普普通通,太阳依旧珍贵

地球绕太阳公转 1 周需要大约 1 年时间,我们从太阳那里获取光和热等能源以维持生活。正因如此,人类从古至今都将太阳当作神明来崇拜。

太阳对于我们而言毫无疑问是一颗极其特别的星体,但从全宇宙的范围来看,无论是大小、重量,还是燃烧方式,太阳的各项指标都处于平均水平。

银河就位于银河系的
中央

浮现在天空中的银河，是银河系中的星星们组成的。银河系的形状像是一个中间膨胀起来的圆盘。由于太阳系位于银河系的边缘部位，从这里看银河系的中心区域，数不清的星星聚集在一起便汇成了一条河流。

以太阳为中心的"太阳系"位于由无数巨大星团组成的"银河系"的一个角落。在银河系中，像太阳这样能自行发光发热的"恒星"有2000亿颗之多。不仅如此，像银河系这样的旋涡星系在宇宙中也有数千亿个。

在宇宙中的某处很有可能存在着类似于太阳和地球的关系的星球，那里也可能存在着与我们相似的生命，只是人类还未发现。这样一想，可真令人激动啊。

如果移民到了火星，
天色变蓝才是该回家的时间吗

我们在地球上会理所当然地认为天空是蓝色的、夕阳是红色的。阳光原本是由多种颜色混合而成的，由于蓝色光最容易散射，当光线与空气中的尘埃粒子发生碰撞后蓝色光便散射了出去。因此，我们所看到的天空就是蓝色的。

到了傍晚，太阳的高度变低，光线到达地面的距离也变长。蓝色光最先散射殆尽，而散射很慢的红色光被留了下来，因此夕阳是红色的。

在我们的邻居火星上事情却有点不一样。在火星上，常年刮着

强烈的风暴，地表上的砂石像沙尘暴一样被卷到空中，沙尘滚滚、遮天蔽日。这些沙砾能够将红色光散射出去，因此白天的火星看上去是红色的。

不过，到了太阳位置变低的夕阳时间，红色光最先散射消失，蓝色光则被留了下来，从而形成了蓝色的夕阳。

没有大气 = 暗无天日

天空之所以能看起来是蓝色或红色的，都是太阳和大气的功劳。在几乎没有大气的水星以及完全没有大气的月球上，太阳光不会发生散射，无论白天还是黑夜，天空永远是漆黑一片。

©NASA

▲在月球表面工作的宇航员。地面上虽然有阳光的照射，但天空中漆黑一片

177

即便再小也很危险，太空中的垃圾真棘手

反正面积辽阔所以想扔就扔，这种想法大错特错

天气预报、位置信息等这些从人造卫星中获得的重要信息，都是我们生活中不可缺少的。可是现在出现了一个问题，就是太空中的垃圾。

在宇宙空间中飘浮着许许多多没有使用价值的人造物品，例如使用寿命到期或出现故障的人造卫星、发射任务中抛下的零部件、火箭的表面涂层等，这些被统称为"太空垃圾"。仅地面上能追踪到的物品，直径10厘米以上

的约有2万个，直径1毫米以上的竟超过1亿个。

太空垃圾绕着地球高速转动，互相碰撞时产生的冲击力极大。实际上也确实发生过太空垃圾与人造卫星相撞的事故。

为了不再发生类似事故，世界各国都在研究如何避开位置已知的垃圾，如何移开卫星经常经过的轨道上的垃圾，如何从源头减少垃圾的产生等各种相关的课题。

麻烦把垃圾带回家！

地球的碎碎念

人类向太空中随意抛撒垃圾的话，我会被当成一颗没教养的星球的。拜托你们文明一点吧！

求转发度 　　　　　　生气度

· 宇宙空间中的大堵塞 ·

在地球周围，人类发送的卫星所运行的轨道尤其混杂不堪。全世界相关机构接力合作，全天候 24 小时监测着这些已掌握位置的太空垃圾。

◀进行太空垃圾监测的日本冈山县美星太空卫士中心

179

51 区

对 UFO 迷有着致命的吸引力

"美军已经发现了 UFO，正在某个基地里进行研究。"虽然人类至今并没有发现外星人来过地球的证据，但不知从何时起，UFO 爱好者中流传起了这样一个传闻。

这里的"基地"便是位于美国内华达州，名为 51 区的美国空军基地。

这个基地不仅禁止外人入内，也禁止拍照，就连美国政府也是直到最近才承认了这个基地的存在。当然，这里毕竟是美军测试新型飞机的场所，为了防止情报泄露，采取必要的保密措施也是合乎情理的。

不过，至今仍有狂热的外星人爱好者怀疑这个基地是用来研究 UFO 的。基地附近还有专供千里迢迢赶来的外星人爱好者住宿的酒店。

冥王星

别丢下我！

冥王星是一颗距离我们居住的地球大约50亿千米的遥远星球。1930年作为太阳系的第九颗行星被发现。应该有不少人都曾背过"水金地火木土天冥海（海冥）"这个太阳系行星顺序的口诀吧。

不过到了近几年，要把冥王星移出行星行列的呼声开始出现。

最大的理由是，人们原以为这是一颗和地球差不多大小的星球，结果发现它只有月球的大概三分之二那么大。而且，之后又在冥王星的周围发现了许多和它同等规模的星体。

于是在2006年国际会议中，冥王星被移出了行星行列，重新划分为"矮行星"。在这之前明明一直都是我们的同伴来着，现在这个结果实在是有些可怜！

去了准吓你一跳！

木星

太阳系中最大的一颗行星，但是……

木星，是地球所在的太阳系中最大的一颗行星，直径约为地球的 11 倍，巨大无比。也许有人会想，既然体积如此庞大，将来人类是否有可能移民到木星上呢？很可惜，这完全不现实。

原因就在于，木星上没有陆地。虽然木星的表面看上去像是土地，但其实全部都是气体。这里时常刮起强劲的风暴，能使火箭化为齑粉。表面的下方全部是液体，压根没法着陆。即便能穿透表面这层气体，也没有飞船能扛得住中心部位的高温和压力。

我们居住的地球以及火星这类行星被称为"岩石行星"，木星、土星这类行星则被称为"气态巨行星"。

图书在版编目（CIP）数据

奇奇怪怪的地球 / 日本地球知识观测室编著；贺芸芸译. — 北京 ： 北京时代华文书局，2023.2
ISBN 978-7-5699-4735-9

Ⅰ．①奇… Ⅱ．①日… ②贺… Ⅲ．①地球—少儿读物 Ⅳ．①P183-49

中国版本图书馆CIP数据核字(2022)第241385号

北京市版权局著作权合同登记号　图字：01-2021-5808

SEKAI ICHI TOHOHO NA CHIKYU KAGAKU JITEN
Copyright © Office303 2021
All rights reserved.
First original Japanese edition published by SEITO-SHA Co., Ltd. Japan
Chinese (in simplified character only) translation rights arranged with SEITO-SHA Co., Ltd.
Japan
through CREEK & RIVER Co., Ltd. and CREEK & RIVER SHANGHAI Co., Ltd.
日本語版制作スタッフクレジット：
イラスト：川崎悟司、くにともゆかり、坂上暁仁、鈴木衣津子、伊澤栞奈
本文デザイン：村口敬太（Linon）
編集・執筆協力：オフィス303、安部優薫

拼音书名│QIQI GUAIGUAI DE DIQIU

出 版 人│陈　涛
策划编辑│邢　楠
责任编辑│邢　楠
责任校对│凤宝莲
装帧设计│今亮后声　孙丽莉
责任印制│刘　银　訾　敬

出版发行│北京时代华文书局 http://www.bjsdsj.com.cn
　　　　　北京市东城区安定门外大街138号皇城国际大厦A座8层
　　　　　邮编：100011 电话：010-64263661 64261528
印　　刷│河北京平诚乾印刷有限公司　　电话：010-60247905
　　　　　（如发现印装质量问题，请与印刷厂联系调换）
开　　本│880 mm×1230 mm　1/32　　印　张│6　字　数│140千字
版　　次│2023年7月第1版　　　　　　印　次│2023年7月第1次印刷
成品尺寸│145 mm×210 mm
定　　价│49.80元